El gran reajuste

Raúl Mateos Domínguez

El gran reajuste
Raúl Mateos Domínguez

Diseño de la cubierta: Equipo de diseño de Universo de Letras
Imagen de cubierta: ©Shutterstock.com

Obra publicada por el sello Universo de Letras
www.universodeletras.com

Primera edición: 2024

ISBN: 9788410276161
ISBN eBook: 9788410277243

A Roberto y Rebeca por darme lo que nunca tuve.
A Cristina por devolverme aquello que perdí.
A mi madre por sus nervios si digo de ir a verla.
A Chema por escucharme y con calma disentir.

Raúl Mateos

Introducción

El *Diccionario de la lengua española* nos dice que la palabra «vocación» proviene del latín *vocatio*, que significa 'acción de llamar'. En ese sentido, la vocación es una especie de llamada interna que nos inclina a realizar determinada actividad, esa que nos debería armonizar con nosotros y nuestro entorno. En este mundo vital, como lo llama Ortega y Gasset, debemos anticiparnos a nosotros mismos y decidir qué hacer con nuestra vida. La circunstancia nos ofrece las opciones sobre las que debemos decidirnos. Para ello, es fundamental desarrollar lo que él define como «razón hermenéutica»; es decir, aquella que nos permite entender nuestro entorno y ajustar nuestras decisiones hacia fin último: completar nuestra vocación. En el artículo «Misión del bibliotecario» (1935), Ortega y Gasset nos habla de esa «misión personal», que no es más que la elección que hacemos de todas las fantasías que se nos presentan acerca de nuestros futuros yoes y que, al tenerlas delante, nos hacen experimentar cierta inclinación por unas más que por otras.

Por ello, es importante desarrollar esa razón hermenéutica y ligar, en la medida de lo posible, la forma de ganarnos la vida con nuestra vocación y, en consecuencia, con nuestra visión del mundo. Somos un todo y por desgracia no estamos formados por piezas indivisibles que podamos desconectar. En este libro intentaré desgranar mi visión sobre un problema que de forma subyacente afecta significativamente a mi trabajo, a mi ética y, en definitiva, a mi vocación: «el cambio climático».

Hace diecisiete años empecé a trabajar como ingeniero en las primeras plantas de energía renovable que se empezaban a desplegar en España. Pensé, con el ejemplo de mi padre en la memoria, que estaba viviendo otro momento parecido, un periplo similar al vivido con las nucleares en los años 80, pasajero y cíclico como otras modas energéticas que despuntaron para luego desvanecerse poco a poco. Debo decir que nunca creí demasiado en estas energías renovables, pues entendía que no dotaban a la sociedad de una solución global para el problema energético que el cambio climático requería. Un simple parche que, año tras año, me mantenía ocupado a la par que nunca me llegaba a convencer. Mi experiencia en este sector ha pasado desde la investigación y desarrollo, a la puesta en marcha para pasar finalmente a la ingeniería y consultoría; es decir, poco a poco he ido teniendo un papel menos activo en campo para tener una visión más global y teórica sobre el marco energético en el que pretendo enmarcar este libro.

Después de leer el *Petrocalipsis*, de Antonio Turiel, me vi reflejado en el espejo de sus páginas. Me vi reconocido e identificado por esa crítica acertada y dura, pero que no ofrecía alternativa real alguna. Sentí la pulsión de decirme: «Si no tienes nada mejor que proponer, al menos no desalientes». Eso supuso un cambio enorme para mí, porque fui capaz de colocarme en el otro lado, en el de todos aquellos que sí quieren creer que vamos por el buen camino hacia un mundo menos contaminante. Sin duda, un momento de madurez y autoconocimiento.

Y es que hay muchos de nosotros que, aceptando que el cambio climático existe y es generado por el ser humano, no nos sentimos cómodos con las soluciones que actualmente se han puesto en marcha. Comparto con Turiel cierto escepticismo acerca de la transición actual hacia la descarbonización y también es verdad que él ofrece su solución: «el decrecimiento». Sin embargo, no creo que recurrir a una corriente pseudocientífica, cuando has dinamitado el resto de las opciones con un planteamiento puramente científico, sea honesto, intelectualmente hablando.

Intentando no caer en la misma trampa de Turiel, en este libro me permitiré criticar la actual transición energética, pero a la vez trataré

—dentro de mis posibilidades— de ofrecer soluciones reales o, al menos, posibles. No creo que nada por sí solo remedie todo, pero sí creo que un paquete de medidas y tecnologías acertadas —al que llamo **el gran reajuste**—, debería permitirnos solventar cada una de las caras de un problema tan complejo y poliédrico como es el del cambio climático. Tras estos mencionados diecisiete años que llevo trabajando en energías renovables para solucionar el problema ambiental, nunca he podido profundizar sobre sus causas, entender cada una de sus facetas y proponer soluciones objetivas. Y es que, a pesar de que hoy en día los datos revolotean por todos lados y nos persiguen a golpe de clic, su clasificación, su categorización y su interpretación suponen una tarea que requiere de un tiempo ingente que muy pocas personas se pueden permitir.

Por todo ello, y en su afán por intentar dar cierta luz sobre el cambio climático, este libro posee un enfoque poliédrico. He resumido el problema ambiental en un tetraedro, cuyas cuatro caras serán visiones parciales y temáticas de una misma realidad. En ese sentido, hay una cara científico-técnica, una cara política-económica, una cara con una aproximación filosófica y una cara con una visión individual. De esta manera, el lector encontrará cuatro grandes bloques. Dentro de cada uno he seguido un formato organizado y cercano al método científico y, para cada bloque, he acondicionado el contenido en capítulos. En un primer capítulo explico el problema ambiental desde su visión correspondiente, en un segundo expongo las causas que lo originaron, y en un tercero, finalmente, expongo tanto la solución que el mundo está articulando como la alternativa que, desde mi perspectiva, podría ser la idónea. Para mí, **el gran reajuste** no es sino la sucesión de propuestas y alternativas que se irán desgranando sección a sección, cara a cara, capítulo a capítulo, a lo largo de las páginas de este libro.

Así, ya con el tetraedro climático entre las manos, la primera cara que el lector encontrará será la de «la ciencia y la técnica». En ella explico en qué consiste el problema climático, los modelos climáticos que se utilizan y sus incertidumbres, los consensos científicos y los puntos de posible disensión. Hablo de las causas del cambio climático, así como los pilares de la civilización moderna, que son los que hasta ahora nos han dotado de un estado de bienestar sin precedentes, pero a la vez generado este problema climático que debemos resolver. Continúo exponiendo la solución planteada por las grandes economías modernas o la actual «transición energética». Finalmente, describo una alternativa, con la cual podamos sortear los problemas antes identificados. Hablo de cómo la transición energética actual se basa en la electrificación mediante energías renovables intermitentes, que no solo no son capaces de descarbonizar los principales procesos contaminantes que sustentan nuestra civilización, sino que emplean algunos materiales que tendrán picos de extracción antes de la primera mitad de este siglo.

Al girar el tetraedro, el lector se hallará ante la segunda cara del problema: «la política-económica». Aquí, hablo de cómo las emisiones de carbono son un clásico juego de bienes públicos, también conocido como «tragedia de los comunes», donde las personas (o los países) se benefician de los sacrificios de los demás y sufren con los propios, de manera que tienen incentivos para ir por libre y dejar que el resto se sacrifique, por lo que al final todos sufren. Si no hay gobierno planetario que actúe de forma coactiva; es decir, que tenga el monopolio de la violencia, parece difícil articular respuestas efectivas *a priori*. Asimismo, explico lo que la economía y la política han identificado como causas del problema ambiental, así como las soluciones articuladas a través de mercado de emisiones y las distintas cumbres del clima acaecidas durante las últimas décadas.

Dentro de la alternativa propuesta en este bloque, planteo las posibles causas por las cuales, a pesar de los avances tecnológicos y comerciales de la globalización, el ciudadano de a pie sigue sin mejorar sustancialmente su nivel adquisitivo en términos comparativos a sesenta años atrás. Señalo que posiblemente el precio de la vivienda sea la causa nuclear de esta aparente incongruencia, y que la intervención estatal debe ser la necesaria consecuencia. Expongo diferentes propuestas legislativas y económicas para ayudar a revertir una situación en la que el ciudadano occidental vive en una «precariedad aumentada» que le impide salir del consumo de productos de bajo coste económico y alto impacto ambiental.

En un nuevo giro al tetraedro, en el tercer bloque, el lector conocerá la cara «filosófica» del problema. En ese sentido, me permito exponer de manera liviana el problema epistemológico que sufrimos actualmente y que produce una cierta desafección entre la ciudadanía y la ciencia. El negacionismo de cualquier tipo es solo el reflejo de la «pérdida de fe» que la sociedad padece con respecto a la ciencia. Describo cómo la política y el activismo se han convertido en las nuevas religiones laicas que impiden y contaminan el debate racional y científico; incluyendo un perspectivismo mal entendido que alimenta la repulsión del individuo hacia la realidad unívoca. Este perspectivismo está alejado del término usado por Ortega y Gasset, quien entiende la realidad como un poliedro con múltiples caras, donde cada individuo puede ver una o todas ellas, y sumar distintas visiones para enriquecer la visión global de dicha realidad. El perspectivismo de Ortega y Gasset acepta y entiende la subjetividad del individuo, pero no la prioriza respecto a la realidad global construida a partir de la suma de las visiones. En la actualidad posmoderna se produce lo contrario, cada individuo o grupo de individuos quiere imponer su realidad a los demás y se deslegitiman visiones universales para adaptarlas a la perspectiva particular de cada identidad social.

Así pues, da igual que las leyes tengan un carácter universal para el ser humano, que habrá que aplicarles una «perspectiva» de género; da igual que exista un sexo biológico, que se priorizará el género «autopercibido»; y da igual que los economistas alerten de que existen muchos factores, como la productividad y la sectorización de la economía a la hora de decidir sobre el salario mínimo interprofesional, que siempre primará la «perspectiva» ideológica sobre cualquier análisis multifactorial.

Finalmente, siguiendo este camino perspectivista, en la última cara del poliedro desarrollo un «enfoque individual» y de responsabilidad como ser humano, como ciudadano, como padre, como hijo, como ser racional al fin al cabo. Se trata de un área personal para que el lector, de manera individual, pueda reflexionar. Pretendo que sea «su espacio» y espero que pueda aprovecharlo para el bien de todos nosotros y del planeta. Encontrará un par de páginas en blanco para que escriba e intente alejarse de grandes eslóganes profundizando sobre su papel personal en todo esto. Y es que, ya Marx expresó la idea de que la humanidad solo se plantea como problema —ontológicamente hablando— aquellas cuestiones que se pueden resolver. Aquellas cuestiones cuya resolución o abordaje no exhiben una «solución» al alcance de la sociedad, decía Marx, se presentan como un drama, como un apocalipsis, como gigantescos síntomas de angustia, pero no como problemas. El cambio climático, como la pobreza o la paz mundial, aparecen en ese registro. Se los enuncia, se los expone, se los analiza, pero quedan en una nebulosa en la que se acumulan los «dramas existenciales» con los que la humanidad debe convivir.

Para finalizar, solo comentaré que mi mayor guía a la hora de desgranar mis propuestas es la siguiente: «De cada uno según sus posibilidades a cada uno según sus necesidades»; una consigna de Marx, desgraciadamente olvidada por muchos socialistas, que recuperaré varias veces a lo largo de este libro.

Espero que, a pesar de sus enormes limitaciones, *El gran reajuste* suscite en el lector la curiosidad necesaria para seguir aprendiendo por su cuenta sobre este singular problema ambiental. En estas páginas he vertido el conocimiento adquirido a lo largo de la lectura de muchos libros que, por desgracia, han debido pasar por mi filtro de subjetividad para llegar al lector a través de estas páginas. He intentado no empantanarlo con centenares de notas a pie de página e incluir únicamente las referencias más fundamentales para que se puedan comprobar ciertos puntos de apoyo.

No me arrogaré ningún mérito más que el de enlazar ideas y confluir diferentes disciplinas para conformar una propuesta que espero pueda ser —desde mi punto de vista— realista o más bien «posibilista» (como le gusta decir al bueno de Steven Pinker). En cuanto al grado de profundidad planteado en estas páginas, debo comentar que me he esforzado en mantener un compromiso con el detalle, el cual es necesario para la comprensión y la necesidad de mantener la tensión lectora. Sin más, estimado lector, lo espero a la vuelta de la esquina de la portada y, si tiene a bien, deseo que nos demos un fuerte abrazo literario, a pesar de las posibles opiniones divergentes que podamos tener.

Consideraciones previas

Huelga decir que la falta de tiempo es una lacra para adquirir conocimiento de verdad y que la información que recibimos es lo que un
comunicador o periodista especializado considera acertado hacernos
llegar de entre un vasto número de publicaciones científicas y comuni-
cados. Hasta no hace mucho había cierta confianza jerárquica, donde
el portavoz de un gremio (científico, económico o filosófico) era una
persona de reputada experiencia y cualificación que se dirigía hacia el
pueblo neófito tras un consenso alcanzado. El portavoz era designado
por sus propios compañeros y los medios empleados para la comunicación de los mensajes estaban acotados y controlados por sus emisores. Por poner un claro ejemplo, a mediados del siglo XVIII, dos
sabios franceses, Denis Diderot y Jean le Rond d'Alembert, reunieron
a un grupo de expertos para resumir los conocimientos de la época en
los volúmenes de la *Encyclopédie, ou Dictionnaire raisonné des sciences,
des arts et des métiers*. Emisores cualificados, jerarquías definidas y un
medio físico de comunicación tan tangible como controlable.

No obstante, esto ha ido cambiando década a década, y la extensión y especialización de nuestros conocimientos han progresado
varios órdenes de magnitud. Descubrimientos fundamentales como la
inducción magnética (Michael Faraday, 1831), el metabolismo de las
plantas (Justus von Liebig, 1840) o las teorías sobre el electromagnetis-

mo (James Clerk Maxwell, 1861) hacen que hoy en día sea imposible resumir todo nuestro saber, incluso dentro de las especialidades más concretas. Términos como «física» o «biología» son etiquetas con un significado casi irrelevante, y a los expertos en física de partículas les resultaría imposible entender siquiera la primera página de un artículo reciente de investigación sobre inmunología viral.

Pero no solo se ha multiplicado la cantidad de conocimiento en bruto. De manera paralela, el internet también ha aumentado la capacidad de acceder a dicho conocimiento, por encima de cualquier intermediario o comunidad de expertos. Esta atomización y democratización del conocimiento hacen que, en un momento histórico en el que los datos son más accesibles que nunca, la acción de conocer haya pasado de ser algo pasivo del sujeto a un ejercicio totalmente activo. Este empoderamiento del sujeto respecto al acto de conocer expande nuestros límites, por supuesto, pero nos expone a la desinformación si no ponemos suficiente empeño. Como sujetos, hemos prescindido de jerarquías y filtros externos pero, por otro lado, nos hemos expuesto a esa ágora infinita que es internet; una herramienta que en mi opinión ralentiza consensos, exacerba la individualidad y multiplica las visiones.

Y no es que la realidad deba tener una sola visión, pero si queremos que nuestra sociedad avance debemos ir cimentando el suelo con sólidas capas de conocimiento. Para ciertas personas la tierra puede ser plana, las vacunas insalubres o el capitalismo el peor sistema posible, pero la realidad no es democrática y los consensos son fundamentales para tener una misma forma de interpretar el mapa de nuestra realidad y así hacer más efectivas nuestras acciones. Esto no significa que deba haber una tecnocracia de expertos que impongan sus designios al neófito, sino que exista una tarea pedagógica constante y homogénea de los expertos, así como una acción de escucha activa por parte del individuo con el fin de que este nuevo modelo del siglo XXI funcione.

Ahora más que nunca la ciencia y sus conclusiones intersecan con la realidad del presente y nos conmina a actuar como sociedad. Es por ello que la política entra por necesidad en juego, pero igualmente desvirtúa cualquier debate serio con apelaciones emocionales a la ideología personal. Si no hay una evolución filosófica o madurez intelectual mediante, no llegamos a percibir la infinita gama de matices y colores de la realidad y nos quedamos anclados en el activismo acrítico o en la simple pasividad. El «activismo» es una labor necesaria de la sociedad civil y a veces funciona como una palanca de cambio efectiva, pero no suele ser un interlocutor válido a la hora de resolver problemas. Los activistas siempre pensarán que el problema que los «activa» es el más importante; unos dirán que la pobreza, otros que el cambio climático, otros que el feminismo, otros que el progresismo o incluso la lucha contra el racismo. Asimismo, defienden la idea de que el fin justifica los medios y es por ello que es posible encontrar evidentes mentiras en muchos de los informes elaborados por ONG como Intermón Oxfam o Greenpeace[1].

Estoy totalmente a favor del fin que persiguen, pero parece que estas organizaciones no pueden permitirse una simple coma que reconozca una cierta mejoría en el problema por el que «luchan», como si ello cuestionara su existencia, y no es así. Señalar ciertas mejoras simplemente demuestra que el problema que identifican es solucionable, que no se debe dar por perdido y que el dinero invertido por estas organizaciones es efectivo. Pero esto no sucede y se nos invade de propaganda por todos lados, desde posiciones a favor a posiciones en contra. La política gana peso y las partes se retroalimentan mediante consignas cada vez más polarizadas y maximalistas. Y es que esta explosión del activismo —aunque sea meramente virtual; es decir, desde las redes— no ha sido casual y a veces se debe simplemente a un cierto distanciamiento de la realidad que nos rodea. Aunque resulte paradójico, la misma tecnología que nos facilita la vida en este planeta, también nos aleja de su comprensión.

Más del 80 % de la población en Occidente vive en urbes y además está empleada en el sector servicios. Esto favorece a que vivamos desconectados y desorientados con relación a cómo producimos nuestros alimentos, a cómo fabricamos nuestras máquinas o a cómo se generan los

---

[1] Video de Juan Manuel Rallo en Youtube sobre la manipulación intencionada y empíricamente detectada en informes de Intermon Oxfam https://www.youtube.com/watch?v=rhJzTRX9lXk

materiales que necesitamos para vivir. Interactuamos constantemente con cajas negras, cuyos resultados son fáciles de entender y no nos exigen una mínima comprensión sobre lo que ocurre en su interior. Por ello, la ciencia se vuelca cada vez más en sectores intangibles y más provechosos económicamente. Esto fuerza a que las supuestas mentes más brillantes no se dediquen a la ciencia del suelo o a intentar mejorar la fórmula del cemento, sino que se vean atraídas por el tratamiento masivo de información y digitalización que ofrecen mejores recompensas.

El ciudadano urbano cada vez se aleja más de la realidad material que lo rodea, del funcionamiento tangible de este mundo que le da de comer y acomodo, y se centra en actividades digitales. Digo todo esto porque la desconexión del ser humano de su entorno físico propicia discursos generalistas y muy vagos en sus contenidos. ¿Electrificación del transporte de aquí al 2035?, ¿descarbonización total de aquí al 2050?, son solo fechas tiradas al aire que son maliciosamente intencionadas o valientes en su ignorancia. Si supiéramos cómo funciona el mundo no seríamos tan soeces en tamañas propuestas. Con esto no quiero decir que no haya que hacer nada; en absoluto, hay mucho por hacer, pero hay que intentar comprender que la descarbonización de nuestro mundo es un problema enormemente complejo, con emisiones de gases de muy distintos orígenes y sectores. Por ende, las soluciones serán multidisciplinares y no solo requerirán avances tecnológicos sino también cambios regulatorios, fiscales, culturales e incluso filosóficos.

En un plano similar, el politólogo Brian Barry señala que el cambio climático ingresa dentro de aquellas cuestiones ambiguas y trascendentales, cuyo detalle nunca es abordado con rigurosidad evitando que aparezca el sujeto político que las resuelva. Al final, se enarbolan planes, como la Agenda 2030, que resumen con ligereza los principales problemas que afronta la humanidad y en el imaginario colectivo queda un «Bueno, tenemos un plan, solo hay que seguirlo», cuando lo único que realmente tenemos es un brindis al sol, porque, nos guste o no, el problema ambiental posee un elevado grado de complejidad y no es, por mucho que nos repitan, una cuestión solo de voluntad política. Es fundamental realizar un análisis holístico de todas las acciones que tenemos a nuestro alcance y de sus posibles consecuencias, con el objeto de ofrecer un mapa de opciones a ciertos individuos que, en mi opinión, suelen cometer dos importantes errores a la hora de entender cualquier propuesta al respecto. Aquí me detendré un poco más, porque creo que es importante.

El primer error —y el más común— es el cognitivo. Muchas veces nos cuesta pensar en las escalas, en cuantificar miles de toneladas, millones de toneladas o miles de millones de toneladas de CO_2. Las escalas importan, porque si no pensamos en los órdenes de magnitud tendemos a creer que estamos atajando un problema que, en realidad, estamos muy lejos de resolver. Un ejemplo rápido. Tomando como referencia el escenario de la Agencia Internacional de la Energía (AIE) que nos permite estar por debajo de los 1.5 °C de calentamiento, debemos bajar las emisiones de las actuales 36.8 $GtCO_2$/anuales mundiales a aproximadamente 3 $GtCO_2$/año en 2050; o sea, estas emisiones deben dividirse por once. En 2050 seremos cerca de 10 000 millones de seres humanos. Así pues, haciendo una sencilla división, cada persona debería emitir poco más de 0,3 tCO_2/año para llegar a un escenario que frenase el calentamiento del planeta. Nosotros, como europeos, emitimos alrededor de 10 tCO_2/año, por lo que deberíamos dividir nuestra emisión personal por treinta. Estamos hablando de dejar de emitir prácticamente todo lo que emitimos y de quedarnos por debajo de lo que emite el 50 % más pobre del África subsahariana. En otras palabras, si no hay una revolución tecnológica inmediata mediante, deberíamos tener un estilo de vida parecido al del Chad o Sudán del Sur para cumplir con los hitos de descarbonización necesarios. Los buenos hábitos que nos venden para paliar el cambio climático son simples gotas en el mar; necesarios, sí, pero ridículos en su insignificancia.

El segundo error es el moralizador. Cuando entramos en las valoraciones moralizadoras corremos el riesgo de adoptar actitudes punitivas y deshumanizadoras. Una cosa es el ascetismo como elección personal —positiva, desde mi punto de vista— y otra cosa son inútiles muestras de sacrificio. En muchas culturas la gente alardea de su rectitud con votos de ayuno, castidad y abnegación. Buena parte del discurso repetitivo que nos llega sobre la mitigación del cambio climático se centra en concienciar sobre pequeñas acciones que podemos hacer de manera individual: desde reciclar envases, reducir nuestros viajes hasta moderar el consumo de alimentos y energía. Sin embargo, por muy virtuosas que estas actitudes nos puedan parecer, suponen una distracción del verdadero reto que se nos presenta y quizás nos den una falsa sensación del deber cumplido. Aquellos que no tienen coche, no se compran diez pantalones al año o no comen chuletones habitualmente tampoco resuelven el problema que tenemos por delante. El marco mental de estos pequeños hábitos permite un alivio a la conciencia de muchas personas que piensan que hacen lo que se debe hacer. Y no digo que la elección personal de reducir el consumo de productos o servicios sea positiva, sino que es solo una estrategia accesoria y menor, paralela a la gran estrategia que debemos crear y que aún no tenemos.

Y es que Occidente ya ha deslocalizado las emisiones de efecto invernadero a Oriente, la capacidad de reducir emisiones dentro de nuestras fronteras es insignificante, y la única herramienta de presión que nos queda es nuestro papel como consumidor final. Y es ahí donde creo que debemos enfocar nuestro papel geopolítico como mecanismo de cambio y de presión hacia un paradigma productivo más verde. No debemos desdeñar la sociedad de consumo ni su potencia transformadora.

Por mucho que nos pese, los patrones de consumo mueven la economía, la industria y por ende el desarrollo tecnológico. Nuestra sociedad de consumo es, ante todo, un repertorio de estilos de vida que conforman nuestras identidades dentro de lo colectivo. Lo hace mediante tres procedimientos de estructuración ideológica y social: la segmentación de la sociedad en diferentes identidades, la exclusión mediante la confrontación de esas identidades (pijos contra progres, hombres contra mujeres, pobres contra ricos) creadas por el simulacro anterior, y la omnipotencia de nuestra identidad; cada uno pretende vincularse al otro desde un individualismo irredento. Por todo esto, el consumo es un vehículo estético que ayuda al asociacionismo y a la conformación de nuestra visión individual y, por ende, supone el motor de la economía liberal. La primera capa que nos separa y diferencia del resto es todo aquello que decidimos consumir o dejar de hacerlo.

En Occidente se llevan aplicando correctamente campañas de *marketing* o concienciación social que moldean ligeramente el «inconsciente colectivo» hacia un esquema que asimila el problema ambiental y seduce al consumidor hacia una estructura de compra diferente. Está de moda «lo verde», solo hay que ver la aceptación del coche eléctrico entre las personas que se lo pueden permitir (en EE. UU. Tesla ya vende más coches que BMW, Mercedes y Audi). Así, pues, el problema de la transición actual reside en que no toda la población occidental puede afrontar este nuevo panorama renovable y por ello es sumamente importante hacer una transición asequible para todos. Existe un coste oculto, inherente a la descarbonización, que nadie quiere contar y, peor aún, que nadie quiere escuchar. Por tal motivo, el primer paso para afrontar los problemas o los cambios necesarios es tratar al ciudadano con respeto y con información lo suficientemente detallada para que pueda tomar una decisión razonada. De lo contrario, si solo lo bombardeamos con emociones de apocalipsis sin entender muy bien el por qué ni el cómo, generaremos «ecoansiedad» y dejaremos el campo abierto para las respuestas fáciles desde la religión, la política o el activismo.

Pensar de manera crítica siempre es difícil, pero es casi imposible si somos presas del miedo. No creo que el sistema actual sea el mejor posible, pero es el mejor que hemos conocido en nuestra historia como humanidad. Lo cierto es que no necesitamos más revoluciones emocionales sino transformaciones razonadas. Por primera vez en la historia del mundo existen datos relativos a casi todos los aspectos del desarrollo global y debemos ser conscientes de que las condiciones materiales del ser humano han mejorado de una forma que nuestros antepasados ni siquiera llegaron a soñar. Hay cientos de datos sobre el avance de la humanidad en el último siglo, datos de todos los colores y múltiples ámbitos de nuestra vida. Avances que nunca se habían producido en tan poco tiempo.

Debo recordarle al lector más joven que, sin minusvalorar el panorama climático que tenemos que resolver, no es menos cierto que en solo setenta años la esperanza de vida mundial ha aumentado más de veinticinco años, se ha reducido a la mitad la población que vive en extrema pobreza y hemos reducido a menos de la mitad la explotación infantil. No solo eso, nos hemos desecho de tres cuartas partes del arsenal nuclear mundial, hemos erradicado la viruela, hemos reducido del 20 % al 4 % la mortalidad infantil, las emisiones de dióxido de azufre han descendido a menos de la mitad y las muertes de desastres naturales una proporción similar. Y no me quedo aquí, hemos multiplicado por cuatro el porcentaje de niños vacunados en el mundo, por dos el porcentaje de la población que vive en democracia y también por dos los niveles de alfabetización. Además de estos parámetros de supervivencia, también hemos crecido en los más nimios detalles que demuestran que nuestras vidas han mejorado extraordinariamente. Por ejemplo, en 1962 el número de guitarras por millón de personas era de 200 y actualmente rondamos las 11 000 por millón de habitantes[2].

Con esto no quiero decir que no debamos preocuparnos por los retos que se nos presentan como sociedad, pero lo que es evidente es que con una simple mirada al retrovisor de la historia nos deberíamos sentir orgullosos de nuestra civilización. El mundo puede ser terrorífico y no podemos convencer a nadie de su visión relativa al respecto, pero sí podemos usar los datos y la ciencia para comparar y hacerle ver que nuestro planeta es cien veces menos horrible que hace poco menos de un siglo. Debemos combatir tanto a los negacionistas del progreso como a los del cambio climático, con ciencia y con datos. Porque una de las principales razones por las que nos encontramos en una situación tan complicada es debido a las múltiples campañas organizadas por activistas en las que se predecía un apocalipsis que no llegó a suceder. Ahora el margen de credibilidad es muy reducido y se ha armado al negacionismo con una numerosa y poderosa hemeroteca de predicciones fallidas. Dejemos que la ciencia haga pedagogía y no

---

[2]   Datos extraídos de *La tabla rasa*, de Steven Pinker.

sobrecarguemos al activismo de más ideología barata. Si no hay apropiación política o cultural de consignas ambientales, si no se pintan de ningún color las banderas del ecologismo, más fácilmente podremos convencer al agnóstico y ganar la batalla de la seducción.

BLOQUE 1
LA CARA CIENTÍFICA Y TÉCNICA

Capítulo I.
La cara científica y técnica del problema

El problema ambiental es abiertamente una cuestión multidisciplinaria, porque en ella intervienen climatólogos, meteorólogos, físicos, matemáticos, informáticos, geólogos, biólogos, entre otros. La razón de esta multidisciplinariedad radica en que el clima es un sistema complejo, formado por cinco subsistemas: la atmósfera, la hidrosfera, la litosfera, la criosfera y la biosfera[3]. En consecuencia, más que una ciencia del cambio climático o una ciencia del clima (*climate science*), nos encontramos ante un abanico de ciencias involucradas en la investigación del cambio climático.

El clima y la temperatura de la Tierra

Empecemos con algo de ciencia básica para ir adquiriendo conocimientos fundamentales y así tener una visión propia del problema ambiental. El primer paso en este camino es entender cómo se regula la temperatura del planeta y qué factores la condicionan. La mayor

---

[3] *Climate Change 2013. The Physical Science Basis* © 2013 Intergovernmental Panel on Climate Change (IPCC).

parte de la energía que llega a nuestro planeta procede del sol y principalmente en forma de radiación electromagnética. El flujo de energía solar que alcanza el borde exterior de nuestra atmósfera es una cantidad fija llamada «constante solar», con valor de $1.4 \cdot 10^3$ W/m2. Considerando que la Tierra es un objeto esférico y que solo una de sus caras está iluminada simultáneamente, por término medio, la energía efectiva que llega a la superficie de la atmósfera es de 348.7 W/m^2.

Antes de atravesar la atmósfera, la energía que recibimos es una mezcla de radiaciones de longitudes de onda, entre 200 y 4000 nm. Estas se distinguen entre radiación ultravioleta, luz visible y radiación infrarroja. Por otro lado, el albedo de la Tierra —su brillo o capacidad de reflejar la energía— tiene un valor de 0.3. Esto significa que alrededor de un 30 % de los 342 W/m2 que se reciben (algo más de 100 W/m2) son devueltos al espacio por la reflexión del planeta. Se calcula que alrededor de la mitad de este albedo es causado por las nubes, aunque este valor es muy variable, y depende del lugar y de otros factores. Así pues, el 70 % de la energía recibida; es decir, unos 240 W/m2, son finalmente absorbidos por nuestro planeta. La absorción es mayor en las zonas ecuatoriales que en los polos y también en la superficie terrestre que en la parte alta de la atmósfera. Estas diferencias originan fenómenos de convección y equilibrio, gracias a los transportes de calor de las corrientes atmosféricas y a los fenómenos de evaporación y condensación. En definitiva, son responsables de la marcha del clima.

Los diferentes gases y otros componentes de la atmósfera no absorben de igual forma los distintos tipos de radiaciones. Más en detalle, el oxígeno y el nitrógeno, por ejemplo, son transparentes a casi todas las radiaciones, mientras que otros, como el vapor de agua, el dióxido de carbono, el metano y los óxidos de nitrógeno, son transparentes a las radiaciones de corta longitud de onda (ultravioletas y visibles), aunque absorben las radiaciones largas (infrarrojas). Esta diferencia es decisiva en la producción del «efecto invernadero» producido por los diferentes tipos de radiaciones que emite un cuerpo a diferentes temperaturas. Apoyándose en este hecho físico, las observaciones desde satélites de la radiación infrarroja emitida por el planeta indican que la temperatura de la Tierra debería ser de unos -18 °C. A esta temperatura se emiten unos 240 W/m2, que es justo la cantidad que equilibra la radiación solar absorbida.

La realidad es que la temperatura media de la superficie de la Tierra es de 15 °C, a la que corresponde una emisión de 390 W/m2. Los 150 W/m2 de diferencia detectados se deben al efecto invernadero generado por ciertos gases y por las nubes. Y es que la radiación de un cuerpo a elevadas temperaturas se compone de ondas de frecuencias altas —el caso de la radiación solar— mientras que la energía de cuerpos más fríos —como la Tierra— remitida hacia el exterior lo está de ondas de frecuencias bajas. Así pues, la primera radiación atraviesa con relativa facilidad la atmósfera y la segunda queda atrapada, ya que los gases de la atmósfera bloquean más efectivamente las longitudes de onda más cortas (violeta y azul) que las longitudes de onda más largas (naranja y rojo). Esto explica el color azul del cielo y los colores rojo y naranja del amanecer y atardecer, respectivamente.

Bajo un cielo claro, alrededor del 60 al 70 % del efecto invernadero es producido por el vapor de agua. Después de él, por este orden, son importantes el dióxido de carbono, el metano, el ozono y los óxidos de nitrógeno. La energía atrapada por este efecto invernadero es la responsable de que la temperatura media en la Tierra sea de 15 °C en lugar de -18 °C; es decir, la presencia de energía atrapada se debe a la composición de nuestra atmósfera y a la diferencia entre la longitud de ondas de la radiación solar y la radiación terrestre.

El papel de las nubes es doble. Por una parte, el efecto invernadero es mayor con ellas; por otra parte, reflejan la luz que viene del sol. De media, para el conjunto de la Tierra, se calcula que su acción de calentamiento por efecto invernadero supone unos 30 W/m2, mientras que su acción de enfriamiento por el reflejo de parte de la radiación es del orden de 50 W/m2, lo que supone un efecto neto de enfriamiento de unos 20 W/m2. Por ello el papel del agua en este fenómeno es importante. Si un planeta no tiene agua en su atmósfera, su temperatura está casi más determinada por la abundancia de dióxido de carbono en la atmósfera que por su distancia al sol. El hecho de que la Tierra tenga menos contenido de dióxido de carbono que Venus y considerablemente más que Marte, le da un rango único de temperatura, el cual es favorable para las plantas, animales y la vida humana.

Ahora vamos a evaluar lo que ocurre al adicionar ciertas cantidades específicas de gases de efecto invernadero a la atmósfera de la Tierra. En general, el impacto de adicionar una molécula de gas de efecto invernadero es mucho mayor si la abundancia relativa del gas es baja. Dado que la presencia de dióxido de carbono es mucho mayor que la del metano en la atmósfera, el impacto de adicionar una molécula de metano es veintiún veces mayor que adicionar una molécula de dióxido de carbono. Una molécula de óxido nitroso tiene un efecto invernadero equivalente al de doscientas seis moléculas de dióxido de carbono, y las moléculas de clorofluorocarburos (CFC) tienen un impacto doce mil a dieciocho mil veces el del dióxido de carbono. Esto ayuda a que, aunque sigamos emitiendo una cantidad ingente de dióxido de carbono a la atmósfera, su aporte al calentamiento global por molécula sea cada vez menor. Una de las características de la mayoría de los gases de efecto invernadero es que tienen largos tiempos de vida en la atmósfera. El dióxido de carbono tiene un tiempo de vida media de alrededor de 120 años, el metano 10.5 años, el óxido nitroso 132 años, y los CFC entre 16 y más de 500 años. Se puede entender, pues, que hay dos factores que, combinados, determinan el «potencial de calentamiento global» de los gases de efecto invernadero: la capacidad de absorber la radiación y el tiempo de vida en la atmósfera.

Este «potencial» es lo que en términos técnicos se llama forzamiento radiativo; es decir, el exceso de captación de energía por el efecto invernadero que provocan. Así, podemos observar que, históricamente, el forzamiento radiativo debido al dióxido de carbono se ha incrementado, pero, como se describió previamente, no directamente con el aumento de su concentración. El impacto de otros gases tales como los CFC y los hidroclorofluorcarburos (HCFC), ha crecido más dramáticamente, aun cuando su abundancia es muy baja, debido a que su impacto por molécula es alto y su tiempo de vida es muy largo. En general, la pendiente de la curva de los forzamientos radiativos en las últimas décadas es de 0.55 W/m2 por década y esto no puede ser explicado por las fluctuaciones naturales producidas en la Tierra. Dichas fluctuaciones, que llamamos «naturales», se deben generalmente a cambios en los parámetros orbitales del planeta, cambios en el radio del sol, manchas solares o erupciones volcánicas.

La posible influencia de los grandes ciclos astronómicos en el clima terrestre y, por tanto, en la evolución de los seres vivos, fue propuesta en el siglo XIX por científicos como el francés Joseph Adhémar o el escocés James Croll. Ambos explicaron las glaciaciones producidas por cambios climáticos así como las variaciones cíclicas en la órbita terrestre. Sin embargo, sus trabajos fueron largamente ignorados, hasta que a comienzos del siglo XX fueron recuperados por un ingeniero serbio con una profunda mente matemática: Milutin Milankovitch. Este comenzó a desarrollar complejos modelos matemáticos que relacionaban la variación orbital de la Tierra con la distribución y estacionalidad de la irradiación solar, los cuales eran capaces de predecir la temperatura en una latitud concreta; ya sea hoy o hace medio millón de años.

Según Milankovitch, las variaciones orbitales son las causantes de los períodos glaciales e interglaciales producidos durante nuestra época, como el Holoceno (actual época geológica del período Cuaternario, iniciada hace unos 10 000 años, aproximadamente). Argumentaba que la radiación solar, si bien tiene alteraciones, no son suficientes como para cambiar el clima del planeta, aunque sí lo pueden ser los cambios en la órbita terrestre. Así, nos podemos encontrar con:

- **Glaciaciones**: períodos de alta excentricidad, baja inclinación y una distancia grande entre la Tierra y el sol en verano (hemisferio norte), lo cual da como resultado estaciones homogéneas.

- **Interglaciares**: períodos de baja excentricidad, gran inclinación y menos distancia entre la Tierra y el sol en verano, lo cual genera fuertes contrastes estacionales.

  La teoría de Milankovitch se basa en que la Tierra gira alrededor del sol influida por tres parámetros básicos que modifican sus movimientos de traslación y rotación. Dichos parámetros son:

- **Excentricidad de la órbita basada en lo estirada que está la elipse**: si la órbita de la Tierra es más elíptica la excentricidad es mayor y al contrario si es más circular. La excentricidad varía entre sus valores extremos cada 100 000 años, y esta variación puede suponer entre un 1 % y un 11 % de diferencia en la cantidad de radiación solar que recibe la Tierra entre el afelio (punto más alejado de la Tierra respecto del sol) y el perihelio (punto más cercano). En la actualidad, entre el afelio y el perihelio la cantidad de radiación que llega a la Tierra cambia un 6 %.

- **Oblicuidad**: se refiere a los cambios en el ángulo del eje de rotación de la Tierra (inclinación) cuando está en órbita alrededor del sol. La inclinación oscila entre 21.6° y 24.5° cada 40 000 años. Actualmente, está en 23.5°. Este fenómeno es el responsable de las estaciones. Aunque no cambia la cantidad de radiación que recibe la Tierra, sí varía su distribución a lo largo de estas.

- **Precesión**: se trata del giro del eje de rotación (el eje de la Tierra oscila como una peonza) en sentido contrario a la rotación cada 26 000 años. Este se debe al achatamiento de la esfera terrestre. Su efecto sobre el clima es consecuencia de la modificación de la posición relativa de los solsticios y los equinoccios respecto al afelio y al perihelio. En la actualidad, el solsticio de verano coincide con el afelio en el hemisferio norte. Dentro de 6000 años el afelio coincidirá con el equinoccio de primavera, y dentro de unos 12 000 años el solsticio de verano coincidirá con el perihelio.

Como hemos comentado, estos ciclos son los responsables de explicar la sucesión de períodos glaciares e interglaciares que se produjeron durante el Cuaternario (y probablemente en otras eras). Además, nos indica que, a la hora de hablar sobre el cambio climático o variabilidad climática, no solo hay que tener en cuenta los forzamientos climáticos de origen antropogénico, sino que vale la pena echar una mirada atrás para poder comprender cuál ha sido el comportamiento del sistema terrestre antes de que los humanos hayamos ejercido una influencia sobre él.

Según varios informes, la NASA afirma que la cantidad de radiación solar entrante ha aumentado solo ligeramente durante el último siglo y, por lo tanto, no es un factor real para valorar el actual calentamiento climático de la Tierra. Existen dos argumentos adicionales que avalan esta afirmación:

- Si el calentamiento actual de la Tierra se debe al sol, los científicos dicen que deberíamos esperar que las temperaturas tanto en la atmósfera inferior (troposfera) como en la siguiente capa de la atmósfera (estratosfera) se calienten. En cambio, las observaciones desde globos y satélites muestran que la superficie de la Tierra y la atmósfera inferior se han calentado, pero la estratosfera se ha enfriado.
- Actualmente la Tierra se encuentra en un período interglacial (fase de clima más suave entre las Edades de Hielo). Según los científicos, si no hubiera influencias humanas en el clima, las posiciones orbitales actuales de la Tierra dentro de los ciclos de Milankovitch predicen que nuestro planeta debería estar enfriándose y no calentándose, continuando con la tendencia de enfriamiento que comenzó hace 6000 años.

Por tanto, es posible señalar con bastante seguridad que existe un origen antropocéntrico en este aumento en la energía que absorbe la Tierra y que se está intensificando en las últimas décadas. Esta comprobación desembocó en la ecuación científica que ponía en relación las concentraciones de dióxido de carbono atmosférico y la temperatura ideada por Svante Arrhenius en 1896. Esta correlación se retomó recientemente y el IPCC (Grupo Intergubernamental de Expertos sobre el Cambio Climático) ha analizado y comprobado la meridiana relación entre la concentración de CO_2 y la temperatura de la Tierra.

Las simulaciones más potentes con modelos computacionales de la respuesta de la Tierra al actual calentamiento global hacen prever que el hemisferio norte se calentará dos veces más rápido que el hemisferio sur. Si es así, el ecuador térmico experimentará un desplazamiento hacia el norte. Los modelos predicen aumentos de las precipitaciones monzónicas en China, aumento de descarga del Nilo, así como que las zonas situadas entre los 35 y los 45° de la latitud norte se volverán más áridas y harán que la Amazonia se desplace hacia el norte.

Estos modelos se sirven de la analogía al desplazamiento similar que tuvo lugar hace aproximadamente 14 500 años y al efecto contrario que se produjo durante el pequeño desplazamiento del ecuador térmico hacia el sur durante la transición del Período Cálido Medieval a la Pequeña Edad de Hielo. Aunque a menor escala, la fluctuación entre estas dos épocas del medievo produjo cambios en las precipitaciones semejantes (aunque en sentido opuesto, como hemos comentado) a los que se produjeron hace 14 500 años. Existe un consenso científico sólido que, puestos a aventurar un posible escenario del clima, nos indica que este desplazamiento del ecuador térmico hacia el norte propiciaría una redistribución de precipitaciones más heterogénea y extrema entre zonas áridas y húmedas. Con estos datos en las manos y haciendo extrapolaciones del escenario climático al resto de las actividades humanas, organizaciones gubernamentales y no gubernamentales articulan una campaña mediática muy potente para sensibilizarnos. Estas campañas hablan de consecuencias devastadoras para la población; en especial, para las regiones más pobres del planeta, pues los fenómenos meteorológicos extremos y las sequías suelen golpear con mayor crudeza a las construcciones y redes de agua menos sólidas. Se habla de deforestación, propagación de enfermedades, subida del nivel del mar y carestía de alimentos.

Por otro lado, aunque menos conocido, también existe un consenso científico acerca de ciertos efectos positivos del aumento del CO_2 en la atmósfera. Siendo rigurosos, el CO_2 no es un gas contaminante, es un gas fundamental para la vida tanto en términos térmicos (sin CO_2 la Tierra tendría una temperatura media de -18 °C) como en términos vegetales. El CO_2 forma parte del ciclo natural de la vida vegetal: las hojas verdes utilizan la energía de la luz solar a través de la fotosíntesis y gracias a la clorofila combinan el dióxido de carbono y los nutrientes del suelo para producir azúcares: su principal fuente de alimento. Luego, su calificación como contaminante es ciertamente poco ajustada a la realidad. Podemos decir que los cambios en su proporción en la atmósfera pueden producir variaciones significativas en el ciclo de captación de la energía radiante del sol y por consiguiente en el clima. Incluso, es posible afirmar que una reducción significativa de la concentración del CO_2 puede ser más letal. Durante pasadas glaciaciones el nivel de CO_2 alcanzó niveles tan cercanos al mínimo de concentración (150 ppm) que el ciclo vegetal posiblemente se hubiera roto, así como la emisión de oxígeno a la atmósfera[4].

También está demostrado que tanto los aumentos de temperaturas como mayores concentraciones de CO_2 mejoran sustancialmente la fotosíntesis (proceso mediante el cual las plantas capturan la energía solar y la utilizan para sintetizar los carbohidratos a partir del CO_2 y el agua). Esto es lo que se conoce como «fertilización carbónica», la cual se emplea en invernaderos de todo el mundo y fue desarrollada hace un par de décadas. El Ministerio de Agricultura, Pesca y Alimentación tiene colgado en su portal digital un estudio de 2003 sobre el efecto de la inyección de CO_2 en invernaderos de pimientos[5]. La producción total se incrementó un 22 % y las cualidades del producto —peso, longitud y diámetro— mejoraron en torno al 9 %. El aumento del CO_2 en la at-

---

[4] Kobashia, Takuro; Severinghaus, Jeffrey P.;Barnola. *4 ± 1.5 °C abrupt warming 11,270 years ago identified from trapped air in Greenland ice*. Earth and Planetary Science Letters, 2008.

[5] «Una respuesta dual de la agricultura de conservación. El cambio climático: reducción de las emisiones de CO_2 y mejorar el carbono del subsuelo»: https://www.mapa.gob.es/es/ministerio/servicios/informacion/carbono_tcm30-102394.pdf

mósfera equivale a una fertilización carbónica natural en todo el planeta. Otro consenso científico concluye en que las plantas responden intensifican la fotosíntesis como respuesta al aumento de CO_2 causado por el ser humano. Múltiples estudios centrados en la fotosíntesis examinaron la «productividad primaria bruta terrestre» (GPP, por sus siglas en inglés), que es una medida de la fotosíntesis global, y se descubrió que, desde el inicio de la era industrial, la fotosíntesis ha aumentado en proporción casi constante al aumento del CO_2 en la atmósfera. Es decir, no solo nuestros bosques son capaces de liberar más oxígeno, sino que nuestros cultivos son cada vez más eficientes.

Tampoco es cierto que estemos en el punto de la historia del planeta donde mayor concentración de CO_2 haya existido[6]. Por ejemplo, durante el período jurásico (hace 200 millones de años) las concentraciones promedio de CO_2 eran 4.7 veces más altas que las de hoy. De igual manera, podemos comprobar que los incrementos en la concentración de CO_2 no siempre han acarreado aumentos de la temperatura de la Tierra ni viceversa. Como dijimos anteriormente, existen otros factores además del CO_2 atmosférico que influyen sobre la temperatura de la Tierra y causan los calentamientos y enfriamientos globales. Algunos de estos parámetros están controlados y bajo estudio, pero otros, como la capacidad de los océanos de producir o mitigar calentamientos, no están tan definidos. Porque no solo el CO_2 es parte fundamental de la explicación de nuestro clima, sino también el agua, que puede caer en forma de lluvia o nieve, filtrarse en el suelo, desembocar en un río, unirse al océano, congelarse o evaporarse de nuevo a la atmósfera. Las plantas también toman agua del suelo y la liberan mediante la transpiración de sus hojas. En las últimas décadas se ha producido un aumento general de las tasas de precipitación y evaporación, y todos los expertos coinciden en que se debe al progresivo calentamiento global que estamos experimentando.

---

[6] Royer, Wing, Beerling, Jolley, Kolch, Hickey and Berner. *Paleobotanical Evidence for Near Present-Day Levels of Atmospheric* CO_2 *During Part of the Tertiary.* Science, 2001

Además, el agua no se mueve solamente entre la Tierra y la atmósfera, generando el efecto de las nubes antes mencionado, sino que también circula por los océanos. La inmensa masa que supone en la Tierra y su capacidad térmica hacen que pueda absorber el exceso de calor del planeta o liberarlo. Los científicos han determinado que el océano absorbe más del 90 % del exceso de calor que se atribuye a las emisiones de gases de efecto invernadero. Los océanos también son capaces de absorber CO_2 en sus capas límites con la atmósfera y se estima que han absorbido aproximadamente la mitad del CO_2 total agregado a la atmósfera durante los últimos 100 años por actividades humanas. Este «secuestro» de carbono es un proceso lento y se cree que no seguirá el ritmo actual. Además, el fitoplancton de los océanos también almacena CO_2 en sus capas superiores, lo cual acidifica sus aguas. Esta acidificación decrementa la cantidad de iones de carbonato en el agua y repercute en la formación de esqueletos y conchas de ciertas especies marinas. Eventualmente, este CO_2 se asienta en el fondo del océano y queda enterrado en el sedimento. Sin embargo, si se interrumpieran los patrones de circulación del océano, podría volver a liberarse a la atmósfera y convertir a los océanos en una fuente de CO_2 en lugar de un sumidero.

Así, pues, las fluctuaciones en el océano tienen la capacidad de magnificar, modificar o minimizar las fluctuaciones atmosféricas e incluso de emitir o absorber CO_2. Una pequeña alteración en una sola propiedad de las características del océano (transporte, temperatura, salinidad, afloramiento, corrientes, etc.) puede provocar cambios climáticos importantes en grandes regiones de la superficie terrestre. Por ejemplo, las corrientes marinas y la manera en que hacen de transporte de calor permiten que ciertas áreas costeras sean más cálidas, a pesar de estar ubicadas considerablemente lejos del ecuador. Un buen ejemplo es Europa occidental. Si bien se ubica bastante al norte, tiene un clima mucho más templado debido a la calidez del paso de la corriente del Golfo. Sin esta corriente que expande calor ecuatorial en su camino hacia el Polo Norte, Europa sería mucho más fría. A modo de comparación, Madrid y

Nueva York, Roma y Chicago, Bruselas y Calgary cuentan con la misma latitud, pero las ciudades europeas tienen un clima bastante más templado. El último informe de los expertos de Naciones Unidas (el IPCC) afirma que este efecto, llamado «circulación de vuelco meridional del Atlántico» (AMOC, por sus siglas en inglés), colapsará en las próximas décadas si no se reducen ya las emisiones de gases de efecto invernadero. Incluso, le ponen fecha: en torno a 2057[7].

Los modelos y sus incertidumbres

Hasta ahora podemos decir que todo lo expuesto proviene de un consenso científico. Existe un cambio climático y es esencialmente de origen antropocéntrico. Hay varias maneras de ilustrar dicho consenso. Una de ellas es basarse en la producción científica. Así, un trabajo de investigadores de la Universidad de Cornell (New York, EE. UU.) tomó una base de datos de 88 125 artículos revisados por pares y publicados desde 2012, relacionados con las ciencias climáticas y escogió unos 3000 que evaluaban la responsabilidad de la crisis climática. Finalmente, observaron que 28 eran «implícita o explícitamente escépticos» y 2972 no cuestionaban la responsabilidad de la actividad humana en el cambio climático. Incluso, algunos (845, para ser exactos) lo respaldaban de manera implícita o explícita. Con esto concluyeron en que el consenso científico acerca de que la actividad humana había causado el cambio climático actual «excede el 99 % de la literatura científica revisada por pares».

Otro porcentaje que se cita mucho en medios de comunicación es el «97 % de consenso». Este valor proviene de varios estudios de John Cook, investigador del Centro para el Cambio de Comportamiento de Melbourne (Universidad de Melbourne, Australia) y fundador de la web Skeptical Science. Tal valor se extrajo al analizar 11 944 resúmenes de artículos científicos publicados entre 1991 y 2011, de los que el 97 % hablaban del ser humano como responsable del cambio climáti-

---

[7]   https://www.ipcc.ch/report/ar6/syr/downloads/report/IPCC_AR6_SYR_ LongerReport.pd

co. Además, en entrevistas con los autores de 2412 de estos trabajos, los investigadores también mostraban un consenso del 97 % y coincidían en responsabilizar al ser humano.

Pero todo ese consenso se centra en la existencia de un cambio climático debido a la acción humana. Las predicciones sobre cómo será ese cambio climático, su importancia y su afectación a nuestra civilización depende sobremanera de los distintos modelos climáticos desarrollados hasta la actualidad. Y aquí es donde el consenso no es ni tan fuerte ni tan independiente. La carga teórica de la observación científica es uno de los tópicos de la filosofía de la ciencia (epistemología) que está más presente en las ciencias del cambio climático: *"There is no such thing as an observation separate from modeling"*[8]. Es decir, tanto la detección como la atribución del cambio climático dependen fundamentalmente del empleo de modelos, pero esta metodología no está libre de problemas epistemológicos y de definición de conceptos.

Por ejemplo, algo que podríamos considerar sencillo, como determinar la temperatura global del planeta, no es sino fruto de un cálculo estadístico complejo, ya que solo conocemos la temperatura de una cantidad discreta de lugares y momentos históricos. No existe algo así como un termómetro global que pudiéramos ponerle a la Tierra para conocer su temperatura precisa, porque el planeta no está en equilibrio termodinámico. La temperatura global es, por tanto, el resultado de un promedio que puede calcularse de diferentes maneras a partir de los datos que arrojan las estaciones meteorológicas, los globos sonda, las boyas marinas y los satélites.

Generalmente, la temperatura media de un lugar concreto se calcula del siguiente modo: se suma la máxima y la mínima de cada día y se divide por dos, con lo que se obtiene la temperatura media del día. Este protocolo se repite durante cada día del año y, finalmente, se calcula la media de todas estas temperaturas[9]. No obstante, no todos los países lo hacen o lo han hecho así: en la antigua Unión Soviética, por ejemplo, la

---

[8] Paul N. Edwards. *A Vast Machine: Computer Models, Climate Data, and the Politics of Global Warming (Infrastructures)*. MIT Press, 2013

[9] World Meteorological Organization (WMO). *WMO Statement on the status of the global climate in 2011*. WMO, Geneva, 2012: https://library.wmo.

temperatura media diaria se calculaba sumando las temperaturas a la 1, a las 7, a las 13 y a las 19 horas y dividiendo el total entre cuatro.

Existe, además, un problema de cantidad y calidad con los datos de partida: no siempre ha existido una red de estaciones meteorológicas espacial y temporalmente bien distribuida (el uso de globos sonda se generalizó a partir de 1950 y el de satélites climáticos a partir de 1980). En efecto, solo los registros de mil estaciones del mundo abarcan todo el siglo XX, y todas ellas están situadas en tierra, en el hemisferio norte y mayoritariamente cerca de ciudades europeas y norteamericanas. Por su emplazamiento, muchas de las estaciones están sujetas al efecto «isla de calor»[10] de las ciudades. Este y otros sesgos (como los cambios en la instrumentación o en la localización) obligan a homogeneizar las series instrumentales, eliminando los datos anómalos y ajustando el resto. Sin embargo, los procedimientos de homogeneización e interpolación no son unívocos y, como ejemplo de las tensiones ocasionadas en el tratamiento de datos, el anuncio del Instituto Goddard de Estudios Espaciales de la NASA (GISS) de que el 2009 había sido el segundo año más cálido del planeta desde que se tiene registro (solo detrás del 2005) fue cuestionado y refutado por el Centro Hadley de la Oficina Meteorológica del Reino Unido.

En definitiva, el mallado de observatorios con que se ha calculado la variación de la temperatura global a lo largo del siglo pasado es pobre y está mal repartido, pues el hemisferio sur y los océanos, en general, no están cubiertos. Los científicos del clima tienen aquí una primera fuente de incertidumbre: la de los valores. Al aceptar que la temperatura global es el parámetro idóneo para medir el clima y apoyarse en otros indicadores físicos (volumen de los glaciares, cobertura de nieve, etc.), se preguntan si resulta anormal el calentamiento global en casi 1 °C durante

---

int/records/item/56761-wmo-statement-on-the-status-of-the-global-climate-in-2011

[10] El efecto isla de calor en las ciudades se debe a la mayor presencia de superficies oscuras, la escasez de vegetación, la contaminación localizada y las estructuras que impiden una adecuada circulación del aire.

el último siglo. Para ello, acuden a la paleoclimatología, que estudia las variaciones climáticas de la Tierra a lo largo de su historia

Echando la vista atrás en el tiempo, se observa que durante el primer tercio del siglo XX se produjo otro período de calentamiento global, pues el calentamiento como tendencia no es algo reciente, sino que se inició en el siglo XIX como consecuencia del final de la Pequeña de Edad de Hielo (PEH), la cual se produjo debido a una disminución de la actividad solar y a una elevada actividad volcánica, que duró desde el siglo XV hasta entrado el siglo XIX. Esta etapa puso fin, a su vez, al Período Cálido Medieval coincidente con un máximo solar. Y es que, durante el período 1645-1715, en mitad de la Pequeña Edad de Hielo, la actividad del sol, caracterizada por sus «manchas», era sumamente baja. Este período de baja actividad es conocido como «mínimo de Maunder».

Más atrás en el tiempo encontramos el óptimo climático del Holoceno, un período cálido que comenzó alrededor del 7500 a. C. y duró hasta el 2500 a. C., cuando se inició un enfriamiento gradual que no concluyó hasta el Periodo Cálido Medieval[11]. Así, podemos comprobar que en determinados momentos de la historia geológica del planeta, la temperatura media global ha fluctuado abruptamente y confirmar que la dinámica del clima es mucho más compleja que simplemente aseverar que si el CO_2 aumenta la temperatura debe subir. La variabilidad de los niveles de CO_2 difícilmente explica el aumento de las temperaturas entre 1920 y 1940, cuando había bajos niveles de este gas, y mucho menos el enfriamiento producido entre 1940 y 1975, cuando se dio un notable crecimiento de las emisiones de origen humano. Además, como ya hemos visto, los estudios paleoclimáticos muestran que la temperatura no sigue estrictamente los niveles de CO_2; en múltiples reconstrucciones, los picos de la temperatura acontecen entre 800 y 1300 años antes que los picos en la concentración de CO_2.

Y es que la brevedad de las series meteorológicas instrumentales, que no se retrotraen más allá de 1850, obliga al empleo de datos cli-

---

[11] Marcott et al. 2013

máticos extraídos indirectamente para el establecimiento de las tendencias climáticas, como el análisis del aire fósil atrapado en burbujas de testigos de hielo, la datación de sedimentos lacustres o el estudio de los anillos de los árboles. Esto es lo que denominamos «datos *proxy*» y esto genera una incertidumbre de valores reforzada. Hoy en día disponemos de múltiples reconstrucciones de la temperatura en el hemisferio norte en las que se emplean diferentes proxis, pero los paleoclimatólogos continúan trabajando para reducir la incertidumbre.

El esfuerzo continuado por modelar matemáticamente el clima fructificó durante la Guerra Fría con el desarrollo de las primeras supercomputadoras, y así, lentamente, se fue construyendo una jerarquía de modelos climáticos, desde los más simples (los modelos de balance de energía de M. Budyko y W. Sellers) hasta los más sofisticados, que tratan de cubrir toda la superficie terrestre. Los primeros modelos de circulación general fueron planteados por Norman Phillips, y mejorados por Suki Manabe y Richard Wetherald en la década de 1960. Estos modelos atmosféricos, empleados primero en la predicción meteorológica y luego en estudios climáticos, fueron incorporando acoplamientos y forzamientos adicionales.

En los actuales modelos de clima global con acoplamiento, el clima del planeta se representa mediante un sistema de ecuaciones diferenciales con tres tipos de ecuaciones:

1. Ecuaciones que reflejan la evolución de las variables climáticas de acuerdo con leyes físicas (ecuaciones de Navier-Stokes, principios de conservación, etc.) y que describen el movimiento de un fluido compresible y estratificado sobre una esfera rugosa en rotación.

2. Ecuaciones que recogen los procesos de intercambio entre la atmósfera y los océanos, los continentes o la cobertura de hielo.

3. Ecuaciones que representan procesos de gran influencia en el clima, como la evaporación o la convección, pero que se producen a una escala espacial muy pequeña en comparación con los procesos climáticos globales.

Dada su extrema complejidad, el sistema de ecuaciones no tiene solución analítica explícita y su resolución únicamente puede abordarse de forma aproximada mediante métodos numéricos y con la ayuda de supercomputadoras. Para ello, hay que trocear la atmósfera en paralelepípedos, de unos 100-150 km de lado, y representar procesos atmosféricos como la convección o la formación de nubes que ocurren a una escala inferior a la de la rejilla, mediante la introducción artificial de parámetros, que emulan esos fenómenos. De lo contrario, si se aumentara la resolución espacial para evitar estas incómodas parametrizaciones el tiempo de cómputo se dispararía.

En la comunidad científica internacional existe cerca de una treintena de modelos del clima global terrestre y son la clave de la atribución del cambio climático detectado porque están orientados a evaluar conjuntamente los factores naturales y humanos que afectan el clima y su forzamiento (positivo o negativo) en la evolución de la temperatura global. Una vez que los modelos consiguen reproducir la serie observada de la temperatura media global, de la concentración de CO_2 y otros aspectos —entre 1880 y la actualidad—, entonces los científicos proceden a estudiar si los forzamientos antropogénicos son estrictamente necesarios para alcanzar los valores actuales. El resultado es que solo si en el balance se consideran los forzamientos naturales, es posible explicar el 0.85 °C de incremento de la temperatura global del planeta.

Pero una cosa es ajustar el modelo para igualar los resultados con los datos históricos y otra su fiabilidad en las predicciones a futuro. No podemos confundir estadística ajustada a un modelo, con el descubrimiento de la causa. Correlación no implica causalidad, y esto afecta a la predictibilidad del clima, pues los modelos climáticos no se emplean solo para reproducir la evolución de la temperatura global hasta ahora, sino que también se para predecir su futura evolución, encontrando otra fuente de incertidumbre: el caos determinista.

En el informe del IPCC del 2013 se dice claramente:

> *El conocimiento de los estados actual y anteriores del sistema climá-*
> *tico suele ser imperfecto, los modelos que mediante esos conocimientos*
> *generan predicciones climáticas son, por consiguiente, también imper-*
> *fectos, y el sistema climático es inherentemente no lineal y caótico, todo*
> *lo cual hace que la predictibilidad del sistema climático sea inheren-*
> *temente limitada. Incluso aunque se utilicen modelos y observaciones*
> *arbitrariamente precisos, existen limitaciones a la predictibilidad de*
> *un sistema no lineal como el clima.*

El problema es que el caos no se reduce a la sensibilidad con respecto a las condiciones iniciales, sino a la propagación de errores de
cómputo o perturbaciones en los parámetros del modelo. Los progra-
madores identifican dos errores que generan ese caos, uno es el «efecto
mariposa» originado por la variación en las condiciones iniciales y
otro el «efecto polilla» asociado a la propia estructura del modelo.

Para intentar controlar el caos, se utiliza la «predicción por con-
juntos» (*ensemble prediction*), una técnica diseñada para usar conjun-
tos de condiciones iniciales distintas o diferentes modelos climáticos
a la vez. Los resultados de los diferentes modelos no son idénticos y
la disparidad refleja el grado de incertidumbre en el conocimiento del
futuro del clima global. Cuando dos tercios de los modelos disponibles
coinciden en un resultado, se dice que ese resultado es «robusto»[12].
Así, mientras que las predicciones de aumento de la temperatura y
la precipitación globales o la evolución del hielo ártico son robustas,
las predicciones sobre las variaciones regionales de la temperatura y
la precipitación, la evolución del hielo antártico o el incremento en la
frecuencia de sucesos extremos no son tan robustas[13]. Otro ejemplo
de predicción robusta nos lo aporta la estimación de la sensibilidad
climática; es decir, del cambio de temperatura en respuesta a una du-
plicación de la concentración de CO_2. Pero no es lo mismo el grado

---

[12]   Elizabeth Lloyd. *Confirmation and Robustness of Climate Models*- Philosophy
of Science, 2010

[13]   Gettelman & Rood. *Demystifying Climate Models: A Users Guide to Earth
System Models*. Springer Open, 2016

de confianza o robustez de la predicción, que el grado de incertidumbre o probabilidad. El IPCC confunde probabilidad y confianza; es decir, cuándo pueden asignarse probabilidades numéricas empleando métodos estadísticos y cuándo residen en un juicio de expertos, al igual que la confianza. Hay, por consiguiente, dificultad en hacer una interpretación común de la noción de probabilidad empleada por el IPCC. Que el 90 % de los más de veinte modelos climáticos globales predigan cierto resultado no puede confundirse con que la probabilidad del resultado sea 0.9 (ofreciendo una imagen de falsa precisión).

Además, el conjunto de modelos no es independiente entre sí y la robustez de un resultado queda en entredicho cuando la concordancia entre modelos puede estar causada más por su dependencia mutua que por una verdad encontrada. Por ello, desde el 2001 el IPCC prefiere ser prudente y emplear el término «proyección» antes que el de «predicción» para referirse a los resultados de las simulaciones, dado que cada simulación depende esencialmente de una serie de supuestos que definen un escenario. Y es que los datos climáticos del siglo XX son usados tanto para calibrar el modelo como para confirmarlo. Ello da pie a la pregunta de hasta qué punto la adecuación empírica de los modelos se debe a la correcta representación de los procesos climáticos o al ajuste *ad hoc* de sus parámetros. El calibrado de los parámetros puede enmascarar problemas fundamentales en la estructura del modelo, doble cancelación de errores o malas interpretaciones de los fenómenos físicos. Por ejemplo, el ajuste de la amplitud del calentamiento observado durante el siglo XX puede hacerse, o bien retocando la sensibilidad climática, o bien retocando el forzamiento radiativo. En la primera opción, si se aumenta la sensibilidad climática, el calentamiento global futuro podría sobreestimarse. En la segunda opción, por el contrario, si se aumenta el forzamiento radiativo total, podría subestimarse.

En resumen, los modelos climáticos indican que el calentamiento global no puede explicarse solo mediante factores naturales y que son los gases de efecto invernadero antropogénicos la causa más importante del cambio climático. Hay diversas fuentes de incertidumbre relacionadas con problemas clásicos de la filosofía de la ciencia a las que los científicos se enfrentan. En primer lugar, una «incertidumbre de valores», pues los datos instrumentales son escasos y se complementan con datos proxy; es decir, datos extraídos del mismo modelo climático que alimentan. En segundo lugar, una «incertidumbre estructural», debido a que la modelización de los procesos clave (acoplamientos, forzamientos y parametrizaciones) excede con mucho la capacidad computacional existente. Y en tercer lugar, una «incertidumbre temporal», ligada a la presencia del caos determinista y a la dependencia de las proyecciones climáticas de los escenarios o las condiciones de contorno que impongamos.

Tres ideas fundamentales

Tras esta primera dosis de ciencia y datos intentaré resumir un poco lo visto hasta ahora en tres ideas, quizás subjetivas, pero que considero claves para continuar con el análisis del problema climático.

- **Primera idea**: existe un claro consenso científico de que el cambio climático es de origen antropocéntrico debido a las emisiones de efecto invernadero. Cualquier consecuencia positiva del aumento de CO_2 queda inmediatamente eclipsada por las mayores consecuencias negativas.
- **Segunda idea**: hay un consenso sobre las posibles consecuencias negativas en el clima debido a ese impacto humano. Pero es verdad que estamos todavía extremadamente lejos —falta de información y capacidad computacional— de poder modelizar todas las acciones implicadas en el clima y, por ende, su evolución.
  Esta incapacidad nos obliga a mirar atrás para poder inferir consecuencias de eventos significativos pasados y buscar ciertas similitudes históricas para el futuro (paleontoclimatología y datos proxy).
- **Tercera idea**: la ciencia es la mejor consejera a la hora de calibrar nuestras acciones. Los modelos climáticos, a pesar de su altísima inexactitud e incertidumbre, son las mejoras herramientas

que el método científico nos puede suministrar para calibrar la magnitud del peligro. La casi inabarcable complejidad del clima y su extrema variabilidad a lo largo de la vida de la Tierra no nos debería engañar y siempre deberíamos posicionarnos del lado de la prudencia y la razón.

Así, pues, parece lógico pensar que debemos actuar de una manera enérgica y rápida a fin de evitar que seamos nosotros mismos los causantes de cambiar un clima, tan aparentemente propicio para la vida humana, como el que disfrutamos en la actualidad. En otras palabras, no es lógico entrar en una ruleta rusa climática si podemos evitarlo con todos nuestros recursos.

Capítulo II.
La ciencia y la técnica sobre las causas

Entender el problema es el primer paso, analizar las causas el segundo. Es totalmente cierto que la Revolución Industrial y la globalización son los principales responsables de la gran mayoría de las emisiones de efecto invernadero estudiadas en el capítulo anterior. Aun así, debemos entender de forma correcta todo lo que nos han traído estas dos revoluciones, de manera que podamos proponer soluciones reales sin destruir lo bueno conseguido. El milagro industrial y globalizador que ha vivido la humanidad está cimentado en cuatro grandes pilares que sustentan un techo de prosperidad inimaginables hasta hace bien poco: la energía de alta densidad, el transporte de mercancías, el acceso barato a la comida y el desarrollo de infraestructuras y viviendas; pilares fundamentados en los combustibles fósiles que nos han permitido construir a nuestro alrededor una intrincada red infraestructuras y suministros fiables sin precedentes. Tenemos agua potable con un giro de muñeca, podemos encender la luz en cualquier momento de la noche, cruzamos largos ríos a través de puentes de acero, entramos en gigantescos edificios de hormigón refrigerados donde nos curan enfermedades... y todo esto prácticamente nos sale gratis —menos del 30 % de todo el beneficio o esfuerzo que creamos con nuestro trabajo se dedica a estos servicios[14]—.

Pero no nos adelantemos y vayamos paso por paso. Empecemos hablando de la industrialización acaecida el pasado siglo XX. Para ello, nos debemos remontar a la Gran Bretaña del siglo XVII, cuando se inició un nuevo sistema de fabricación que especializaba las tareas de los trabajadores y cambiaba personas por máquinas y energía. Aquella transformación primigenia permitió que la manufactura de muchos productos de consumo fuera más rápida y barata que el sistema artesanal anterior. En el capítulo inicial de su libro de *La riqueza de las naciones* (1776), Adam Smith explica que un trabajador individual es cincuenta veces más productivo cuando se concentra en una sola tarea para hacer un alfiler que si lo hiciera él mismo todo. Las fábricas requerían que las personas emplearan la energía para impulsar las máquinas y los empresarios construyeron fábricas junto a los ríos para usar ruedas hidráulicas. Con el tiempo y la llegada del carbón como fuente de energía primaria, se pasó a utilizar vapor y se cambiaron para siempre no solo los procesos de manufactura sino también todos los medios de transporte, la alimentación y las infraestructuras. Para Karl Marx —que vivió en primera persona esta revolución— eran los procesos productivos (y materiales) los que determinaban las clases dominantes y el intercambio de poder de unas clases por otras. Para él, la Revolución Industrial arrebató el poder a la aristocracia para dársela a la burguesía. Por ello, era tan importante que el proletariado le arrebatara, a su vez, esos mismos medios de producción a la burguesía y se acabara así con la eterna lucha de clases. Pero dejemos a Marx para la parte más económica y política del libro, y centrémonos en los pilares de la civilización que explican nuestro actual estado de bienestar y, por supuesto, las emisiones de efecto invernadero.

---

[14] Smil, Vaclav. *Cómo funciona el mundo. Una guía científica de nuestro pasado, presente y futuro.* Debate, 2023.

Energía (de alta densidad)

La energía, y más especialmente la densidad de la energía, ha sido fundamental en todo el proceso transformador que se ha dado en el último siglo. En 1850 la madera proporcionaba casi toda la energía primaria mundial, pero ya en 1920 solo aportaba la mitad, para pasar finalmente a 7 % en la actualidad. Si bien la densidad energética del carbón es el doble que la de la madera, la densidad energética de una mina de carbón es hasta cien mil veces mayor que la de un bosque. Aunque parezca contradictorio, se puede observar que el mundo moderno se ha ido descarbonizando progresivamente a medida que la energía que usábamos era de mayor densidad.

Y es que los hidrocarburos de los materiales que quemamos están compuestos de hidrógeno y carbono, los cuales liberan energía a medida que se combinan con el oxígeno para formar H_2O y CO_2. A menor proporción de carbono en el material a quemar, menor emisiones de CO_2 por unidad de energía. El combustible de hidrocarburos más antiguo —la madera seca— tiene una proporción de 10 átomos de carbono combustible por cada 1.6 átomos de hidrógeno; es decir, la relación es de 10 a 1.6. El carbón $C_{137}H_{97}O_9NS$, que la sustituyó durante la Revolución Industrial, posee una proporción media de 2 a 1.67, lo que es, 2 átomos de carbono por cada 1.67 átomos de hidrógeno. El petróleo, como el queroseno, puede tener una proporción de 1 a 2. El gas natural está compuesto principalmente por metano, cuya fórmula química es CH_4, que da la vuelta a la relación e incluso llega a la proporción de 1 a 4.68.

Así, pues, conforme el mundo industrial ha ido subiendo esa escalera imaginaria de las fuentes primarias de energía —madera, carbón, petróleo y gas— la proporción de carbono respecto al hidrógeno ha ido bajando drásticamente, disminuyendo así las emisiones de CO_2 por unidad de energía producida. Y es que las emisiones de carbono suelen seguir un arco de Kuznets[15]: cuando los países ricos,

[15] Hipólito, P. y Cardoso, A. *The evolution of the environmental Kuznets curve hypothesis assessment: A literature review under a critical analysis perspective.* Heliyon, 2022: https://www.sciencedirect.com/science/article/pii/S2405844022028092

como Estados Unidos y el Reino Unido, empezaron a industrializarse, emitían cada vez más CO_2 para producir 1 dólar del PIB, pero en la década de 1950 dieron un vuelco y desde entonces no han cesado de reducir sus emisiones por dólar de PIB generado. China e India están siguiendo su ejemplo, y alcanzaron sus picos en las décadas de 1970 y de 1990, respectivamente. La intensidad del carbono en el mundo lleva medio siglo disminuyendo; es decir, por cada dólar de PIB generado cada vez emitimos menos cantidad de CO_2 a la atmósfera, principalmente debido a la mayor densidad energética de nuestras fuentes y a la conciencia medioambiental. Con todo esto podemos decir que, a pesar de que el PIB mundial no para de subir, somos cada día más eficientes y menos contaminantes en proporción a la generado. Esto refuta la teoría verde ortodoxa de que solo podemos frenar la contaminación por la vía del decrecimiento y también refuta las doctrinas más neoliberales que nos intentan vender que los controles en las emisiones producen ineficiencias económicas y bajo crecimiento económico. Y es que, a medida que un país o un ciudadano empieza a tener poder adquisitivo, se preocupa por beber agua más pura, de respirar aire de calidad y de ofrecer un mejor futuro a sus hijos. En los últimos cincuenta años la proporción de población mundial que bebe agua contaminada ha descendido ⅝, la proporción de personas que respiran humos en sus cocinas ha bajado ⅓. Como decía Indira Gandhi: «La pobreza es lo que más contamina».

Podemos argüir que esa mejora en la eficiencia per cápita queda inutilizada por el incremento sin precedentes de la población mundial, pero según la mayoría de los estudios, el crecimiento de la población lleva ralentizándose drásticamente desde 1968, cuando alcanzamos un valor pico de 2.1 % anual. Es decir, llevamos décadas reduciendo drásticamente las tasas anuales de crecimiento de población en el mundo, debido principalmente al enriquecimiento global, pues está demostrado que, a medida que los países mejoran sus ingresos, se va reduciendo el número de hijos por familia. A pesar de todo lo descrito hasta ahora, no podemos obviar que las acciones para evitar el cambio climático no pueden simplemente esperar que el tiempo pase y todos los países vayan siguiendo su propia curva de Kuznets, si es que esto fuera a producirse. La acción debe empezar ya, en el presente y de forma enérgica.

Transporte

Las mejoras exponenciales en la capacidad de transportar personas y mercancías han sido cruciales para poder «globalizar» un mundo que hasta hace poco era bastante «local». Durante muchos siglos, la fuerza humana y la fuerza animal habían sido el único motor primario para el transporte terrestre, lo cual restringía el peso que podía ser transportado, bien por porteadores (máximo 40 o 50 kg), bien por caravanas de animales (caballos o camellos, con cargas de 100 a 150 kg)[16]. Las caravanas de la Ruta de la Seda tardaban un año en completar su recorrido, lo que significaba un promedio de 25 km al día. Los barcos de vela de madera capaces de viajar largas distancias no eran en absoluto numerosos, su capacidad era reducida, se desplazaban con lentitud, no contaban con medios precisos de navegación y con frecuencia no llegaban a completar sus viajes. Registros detallados de expediciones holandesas a Asia documentan estas limitaciones; la duración media de un viaje a Batavia (actual Yakarta) era de 238 días durante el siglo XVII, lo que nos da una velocidad media de menos de 5 km por hora (casi la velocidad de andar a pie). Gracias al cuidadoso registro de la Compañía Holandesa de las Indias Orientales sabemos que desde 1595 a 1795 cinco millones de personas realizaron este trayecto. Esto nos da una media de cinco mil personas al año, sin olvidar que el 15 % de estas personas morían en el viaje antes de llegar[17]. Por ello, a pesar de la significancia histórica de esta compañía, la exportación que proporcionaba el negocio con Indonesia apenas suponía 1.7 % del PIB holandés de aquella época.

---

[16] Kim, Nanny. *Mountain Rivers, Mountain roads: Transport in Southwest China, 1700-1850*. Brill, 2019.

[17] Lucassen, J. *A Multinational and Its Labor Force: The Dutch East India Company, 1595-1795*. Cambridge University Press, 2004.

El primer salto en velocidad lo proporcionó la máquina de vapor y los barcos de casco de acero. Las primeras travesías trasatlánticas a vapor datan de 1838, pero los barcos de vela siguieron siendo competitivos durante cuatro décadas más. Con el viento como motor primario, el coste unitario de transportar una unidad de carga por unidad de distancia era, en gran parte, independiente de la duración del trayecto. En cambio, cuanto más larga fuera la distancia a cubrir, más espacio para el carbón era necesario en los barcos de vapor y menos rentable era el viaje. Los puestos de reabastecimiento de combustible reducían esta desventaja, pero no la eliminaban. Los primeros barcos de vapor en cruzar el Atlántico iban propulsados por ruedas de palas, pero en la década de 1840 se comercializó la propulsión por hélice. En 1877 se aprobó finalmente el acero como material de construcción seguro para las hélices y los cascos[18], y se pudo alcanzar la velocidad de 40 km/h. Se empezó a transportar ganado vivo, carne congelada y hasta mantequilla entre continentes. El volumen total del comercio mundial se cuadruplicó entre 1870 y 1913.

El segundo salto lo permitió Rudolf Diesel tras diseñar un impulsor primario nuevo y más eficiente (llegando casi al 30 % de eficiencia). En 1912 se empezaron a instalar en barcos comerciales, pues estos requerían cargar mucho menos combustible ya que los motores eran el doble de eficientes y porque el diésel contiene el doble de energía por unidad de masa que el carbón. Estos barcos, que podían cubrir mucha más distancia sin repostar, se empezaron a usar después de la Segunda Guerra Mundial para el transporte de petróleo, coincidiendo con la disponibilidad de gigantescos yacimientos en Oriente Medio. Antes de 1950, los petroleros cargaban solo 16 000 toneladas de peso para luego pasar a 50 000 toneladas en 1956. En 1960 los japoneses ya estaban botando petroleros de gran tamaño (VLCC, por sus siglas en inglés) con capacidades entre 180 000 y 320 000 toneladas. En 1970 llegaron los ultrapetroleros (ULCC, por sus siglas en inglés) con capacidad para 500 000 toneladas. De la misma manera, los motores diésel iban aumentando de tamaño: de 10 MW en 1950 pasaron a 35 MW en 1960 y a 40 MW en 1970.

---

[18] Lloyd's Register of Shipping

Desde 1973 el volumen de comercio marítimo se ha más que triplicado y ha evolucionado desde el simple tráfico de petroleros (la mitad del transporte del total) al de buques portacontenedores (en 2018 las mercancías suponían más de 70 % del total). Este aumento exponencial en la capacidad de transporte no hubiera sido posible sin una capacidad similar para gestionar la ingente logística asociada. En 1969, Intel diseñó el primer microprocesador del mundo: colocó más de 2000 transistores en una placa de silicio con el fin de hacer funcionar una pequeña calculadora electrónica. En 1982 se alcanzó la cifra de 100 000 transistores dentro de un mismo microprocesador, el cual pesaba relativamente 5 millones de veces menos que el original de 1969, consumía 40 000 veces menos energía y funcionaba 500 veces más rápido. El avance prosiguió, la cota de transistores dentro del microprocesador llegó a 108 en el 2003 y a 109 en el 2010. A finales de 2019, AMD lanzó su CPU EPYC™, con 39 500 millones de transistores. Esto significa que entre 1971 y 2019, la potencia de los microprocesadores ha aumentado en siete órdenes de magnitud: 17 100 millones de veces, para ser exactos.

Fertilizantes

La facilidad con la que nos alimentamos hoy en día está extremadamente relacionada con los combustibles fósiles que permiten el uso de maquinaria pesada y, especialmente, con la producción de amoniaco. Sin su uso como principal fertilizante nitrogenado sería imposible alimentar entre un 40 y un 50 % de los 8000 millones de personas que habitan este planeta[19]. Dicho de otra manera, sin los combustibles fósiles y el amoniaco que generan, casi 4000 millones de personas morirían de hambre hoy en día.

Y es que hay tres macronutrientes vegetales esenciales para el desarrollo de los cultivos: nitrógeno, fósforo y potasio. De estos tres, el nitrógeno es el que se necesita en mayores cantidades pues se halla en todas las células vivas: en la clorofila, cuya excitación impulsa la foto-

---

[19] Vaclav Smil. *Cómo funciona el mundo. Una guía científica de nuestro pasado, presente y futuro.* Debate, 2023.

síntesis; en los ácidos nucleicos ADN y ARN, que almacenan y procesan toda la información genética; y en los aminoácidos, los cuales forman todas las proteínas requeridas para el crecimiento y mantenimiento de nuestros tejidos. El nitrógeno es abundante —constituye casi el 80 % de la atmósfera—; sin embargo, también supone la principal restricción para la productividad de los cultivos y el crecimiento humano. Esta es una de las grandes paradojas de la biosfera, aunque su explicación es simple: el elemento existe en la atmósfera en forma de molécula no reactiva (N_2) y tan solo unos cuantos procesos naturales son capaces de romper el enlace entre los dos átomos de nitrógeno y hacer que este elemento pueda formar compuestos reactivos. Los rayos solares lo consiguen. Producen óxidos de nitrógeno que se disuelven en la lluvia y forman nitratos. Así, los bosques, campos y prados obtienen fertilizantes procedentes del cielo; pero es evidente que esta aportación natural es demasiado reducida para lograr cosechas capaces de alimentar a 8000 millones de personas en el mundo. Lo que un rayo solar logra gracias a las altas temperaturas y presiones, una enzima (nitrogenasa) lo hace en condiciones normales: la producen las bacterias asociadas a las raíces de las leguminosas (legumbres). Las bacterias vinculadas a las raíces de las leguminosas son responsables de la mayor parte de la fijación natural del nitrógeno; es decir, de la división del no reactivo N_2 y la incorporación de este nitrógeno en el amoniaco (NH_3), un compuesto altamente reactivo que se convierte con facilidad en nitratos solubles y puede cubrir las necesidades de nitrógeno de las plantas a cambio de ácidos orgánicos sintetizados por estas.

En consecuencia, los cultivos de leguminosas para el consumo —la soja, las judías, los guisantes, las lentejas y los cacahuetes—, son capaces de obtener (fijar) su propio suministro de nitrógeno, del mismo modo que los cultivos de cobertura de leguminosas —la alfalfa, los tréboles y las vezas—. Sin embargo, ninguno de los cereales básicos, de los cultivos oleaginosos (salvo la soja y los cacahuetes) o de los tubérculos pueden hacerlo. La única forma de que estos saquen partido de las propiedades de fijación del nitrógeno de las leguminosas es rotarlos con alfalfa, tréboles o vezas, cultivar estos vegetales fijadores de nitrógeno durante unos cuantos meses para luego arar los campos y enterrar las plantas. En agriculturas tradicionales, la otra opción para enriquecer el suelo con nitrógeno pasa por recoger y aplicar desechos humanos y animales. Pero esta es una forma inherentemente laboriosa e ineficaz de suministrar el nutriente, porque estos desechos tienen un contenido de nitrógeno muy bajo y están sujetos a pérdidas por volatilización, además del olor a amoniaco del estiércol, el cual puede ser abrumador. En la agricultura preindustrial, los desechos debían ser recogidos en pueblos y ciudades, fermentados en pilas o en pozos y, debido a su bajo contenido en nitrógeno, aplicados en enormes cantidades en los campos, habitualmente diez toneladas por hectárea, pero a veces hasta treinta toneladas, con el fin de proporcionar el nitrógeno necesario.

Finalmente, en las postrimerías del siglo XIX se pudo constatar que la única solución para procurar una alimentación adecuada a las poblaciones crecientes era incrementar los rendimientos de los terrenos mediante el aumento del suministro de nitrógeno y fósforo, principalmente. La extracción minera de fosfatos (primero en Carolina del Norte y después en Florida) y su tratamiento mediante ácidos abrió la puerta a un suministro regular de fertilizantes fosfatados. Pero no había una fuente de nitrógeno que fuera comparable y estuviera garantizada. La minería del guano (excrementos de ave acumulados, más o menos ricos en nitrógeno) en islas tropicales durante la estación seca se agotó rápidamente, y el incremento de la importación del nitrato de Chile (este país poseía importantes estratos de nitrato sódico en sus áridas regiones septentrionales) era insuficiente para cubrir la demanda global.

El desafío consistía en garantizar que la humanidad pudiera obtener suficiente nitrógeno para mantener su crecimiento. Esta necesidad la explicó en 1898, con claridad, el químico y físico William Crookes a la Asociación Británica para el Avance de la Ciencia en su discurso dedicado al llamado «problema del trigo». Advirtió de que «todas las naciones civilizadas corren el riesgo de no tener suficiente para comer» y que «la fijación del nitrógeno es vital para el progreso de la civilización».[20]

La visión de Crookes se hizo realidad solo diez años después de su discurso. Fueron varios los químicos altamente cualificados los que se dedicaron a buscar la síntesis del amoniaco a partir de sus elementos: el nitrógeno y el hidrógeno. En 1908, Fritz Haber junto a su asistente, el inglés Robert Le Rossignol, con el soporte de BASF, la mayor empresa química de Alemania, lograron la hazaña[21]. El problema que surgió después fue la complejidad de hacer comercial el desarrollo experimental de Haber y fue bajo el liderazgo de Carl Bosch, un experto en ingeniería química y metalúrgica, con el apoyo de nuevo de BASF, cuando se logró el hito histórico. La primera planta de síntesis de amoniaco del mundo empezó a funcionar en Oppau (Alemania), en septiembre de 1913, y el término «proceso de Haber-Bosch» se ha seguido utilizando hasta nuestros días.

En la Primera Guerra Mundial (1914-1918), este avance resultó, a juicio de algunos historiadores, decisivo, porque sin él posiblemente Alemania se habría tenido que rendir mucho antes al no poder alimentar a su población. Los recursos y la potencia industrial eran clave en esa nueva forma de guerra que se vislumbró en los albores del siglo XX. Las grandes potencias movilizaron hasta el último engranaje de la capacidad de su industria, hasta el último gramo de sus materias primas y, por supuesto, a sus mejores talentos. Entre estos últimos, Haber, quien fue nombrado responsable del departamento de suministros químicos del ejército alemán. Como veremos más adelante, el descubrimiento de Haber ha permitido que miles de millones de personas puedan sen alimentadas, pero, por otro lado, este gran científico no fue precisamente un ejemplo a seguir. En la llamada Gran Guerra, las innovaciones tecnológicas provocaban que las defensas superaran

---

[20] Sir William Crookes. *The Wheat Problem. Based on the remarks made in Presidential Address to the British Association at Bristol in 1898.* Kessinger Publishing 2010.

[21] Smil, Vlacav. *Enriching the Earth. Fritz Haber, Carl Bosch, and the Transformation of World Food Production.* The MIT Press, 2004.

claramente a las estrategias ofensivas y que las operaciones terminaran estancadas en un frente de trincheras. Las potencias trataban de superar ese bloqueo por todos los medios, con maniobras de distracción o, incluso, con desesperados ataques a través del subsuelo.

Sin embargo, las armas que entonces prometían ser decisivas eran los temibles gases tóxicos. Años atrás habían sido regulados por dos tratados de La Haya, que prohibieron utilizarlos dentro de proyectiles de artillería. Esta prohibición respondía a la controversia ética dentro del estamento político, militar y científico. Pero, Haber —para quien esa polémica no era asunto suyo— se tomó la investigación como algo personal. Finalmente, junto con un equipo en el que se encontraban otros cuatro futuros Nobel y apoyado por el sector duro del ejército, halló la forma de sortear la legalidad internacional: los gases estaban prohibidos en los proyectiles; sí, pero ¿y si encontrara una substancia idónea para liberarla desde bidones y se dejara que el viento hiciera el resto?

En abril de 1915 esta arma fue utilizada en la segunda batalla de Ypres. El gas de cloro, la sustancia tóxica elegida, era más pesada que el aire; por lo tanto, tendía a depositarse en el suelo y podía posarse en el interior de las trincheras. Un testigo describió la nube como «un muro amarillo» que avanzaba, y un soldado superviviente explicó que la experiencia del gas era como ahogarse no en el agua, sino en un mar de tierra. Los efectos eran terribles: tos violenta, corrosión ocular, nasal, de faringe y pulmonar, y, finalmente, asfixia.

Pero volvamos a la expansión de la producción de amoniaco que continuó durante la Segunda Guerra Mundial, se multiplicó por ocho en las dos décadas posteriores y alcanzó algo más de 30 millones de toneladas al año, lo cual dio paso a la «revolución verde» (iniciada durante la década de 1960); es decir, la adopción de variedades nuevas y superiores de trigo y arroz que, si se les suministraba el nitrógeno adecuado, tenían un rendimiento sin precedentes. Las innovaciones clave tras este incremento fueron el uso de gas natural como fuente de hidrógeno («reformado con vapor»), la introducción de compresores centrífugos eficaces y el uso de mejores catalizadores[22]. El reformado con vapor consiste en exponer al gas natural, de alto contenido de metano, a vapor de agua a alta temperatura y moderada presión; como resultado de esta reacción química se obtiene hidrógeno y dióxido de carbono.

Sin embargo, la dependencia de nuestra alimentación respecto los combustibles fósiles no acaba ahí. Los combustibles fósiles se utilizan, tal como hemos comentado anteriormente, de manera directa para propulsar la maquinaria del campo, el transporte de cosechas y las bombas de irrigación, pero también de manera indirecta para producir no solo los fertilizantes sino también productos agroquímicos (herbicidas, insecticidas, fungicidas, etc.) o plásticos necesarios para los inmensos invernaderos de alto rendimiento que existen hoy en día.

Infraestructuras: hormigón, acero y plásticos

Para algo tan sencillo y básico como tener agua potable en casa y poder deshacernos de nuestros excrementos tenemos dos complejos e intrincados sistemas de tratamiento y distribución que requieren de ingentes cantidades de cemento, acero, PVC y otros elementos que actualmente solo son posibles gracias a los combustibles fósiles. Sin embargo, no basta con mencionar la distribución y recogida de aguas, sino también el hecho de poder desplazarnos en metro, movernos en coche por túneles o construir edificios y turbinas que generen electricidad.

El cemento, que es el componente indispensable para el hormigón, se produce calcinando (hasta al menos 1450 °C) piedra caliza molida (una fuente de calcio) y arcilla, pizarra o materiales de desecho (fuentes de silicio, aluminio y hierro) en grandes hornos alimentados por carbón. Este sinterizado de alta temperatura produce clínker (caliza fundida y aluminosilicatos) que se muele para obtener un polvo fino: el cemento.

---

[22] Pattabathula, V. y Richardson, J. *Introduction to Ammonia Production*. AIChE, 2016: https://www.aiche.org/resources/publications/cep/2016/september/introduction-ammonia-production

En su mayor parte, el hormigón consiste de agregados (del 65 al 85 %) y de agua (del 15 al 20 %)[23]. Los agregados más finos, como la arena, dan como resultado un hormigón más fuerte, pero necesitan más agua en la mezcla que los agregados más gruesos, que utilizan grava de distintos tamaños. La mezcla se mantiene unida por el cemento (entre un 10 y un 15 % de la masa final del hormigón), cuya reacción con el agua fragua la mezcla y luego la endurece.

En la Antigüedad, los romanos fabricaban su hormigón mezclando ceniza volcánica con cal (óxido de calcio) y agua del mar. De esa manera conseguían un mortero al que después incorporaban trozos de roca volcánica. La combinación de ceniza, agua y cal produce lo que se denomina «reacción puzolánica» (se llama así por la localidad de Pozzuoli, situada en la bahía de Nápoles, Italia) que, además de sus extraordinarias propiedades físicas, fragua bajo el agua, lo que les permitió a los romanos elevar pilares sobre ríos para los puentes o construir diques al mar con una extraordinaria sencillez, solvencia y durabilidad.

No obstante, la preparación del cemento moderno no se patentó hasta 1824, por parte de Joseph Aspdin, un albañil inglés nacido en 1778. Su mortero hidráulico se fabricaba calentando piedra caliza y arcilla a altas temperaturas. La cal, el sílice y la alúmina presentes en estos materiales se vitrifican; esto es, se transforman en una sustancia similar al vidrio que, al molerla, produce el «cemento Portland». Aspdin eligió ese nombre (que se sigue utilizando en la actualidad) porque, una vez endurecido y después de reaccionar con agua, el vítreo clínker mostraba un color similar al de la piedra caliza de la isla de Portland, en el canal de la Mancha[24].

El hormigón inicial tenía un comportamiento excelente en términos de compresión, pero en cuanto a la tensión era otra cosa: una fuerza de tracción de solo 2 a 5 MPa (megapascales) podía romperlo. Por tal motivo, su comercialización generalizada en la construcción solo tuvo

---

[23] Smil, Vlacav. «Concrete facts»: https://vaclavsmil.com/wp-content/uploads/2020/04/62.CONCRETE.pdf

[24] Francis, A. J. *The Cement Industry 1796-1914: A History*. David & Charles, 1978.

lugar después de que avances graduales en el refuerzo con acero lo hiciesen adecuado para su uso en partes estructurales sometidas a tensiones muy altas. Entre 1860 y 1870 se presentaron las primeras patentes de refuerzo en Francia por parte de François Coignet y Joseph Monier (este, que era jardinero, empezó a utilizar malla de hierro para reforzar sus jardineras), pero el verdadero avance no llegó hasta 1884, con el refuerzo mediante barras de acero introducido por Ernest Ransome. Los primeros diseños modernos de hornos rotatorios de cemento, donde los minerales son vitrificados a temperaturas de hasta 1500 °C mediante carbón, aparecieron durante la década de 1890, y permitieron utilizar un hormigón de precio asequible en grandes proyectos. La resistencia a la tracción del acero reforzado mejoró aún más en configuraciones cuyos cables o barras eran sometidos a tensión justo antes de verter el hormigón (el pretensado, con anclajes en los extremos que se utilizan para tensar el acero y se sueltan una vez que el hormigón se adhiere al metal) o después (el postensado, con tendones de acero fijados en el interior de armaduras de protección).

Actualmente, el hormigón armado se encuentra en todos los grandes edificios e infraestructuras de transporte, desde muelles hasta anillos segmentarios instalados por las modernas tuneladoras. Pero, con diferencia, las estructuras de mayor magnitud construidas con hormigón armado son las presas. La era de estas megaestructuras arrancó en los años treinta, en Estados Unidos, con la construcción de la presa Hoover, en el río Colorado, y la presa Grand Coulee, en el río Columbia. La primera, situada en una garganta al sudeste de Las Vegas, precisó de unos 3.4 millones de metros cúbicos de hormigón y 20 000 toneladas de acero de refuerzo[25].

Como hemos dicho anteriormente, en muchas ocasiones el hormigón necesita del acero para un funcionamiento óptimo. Pero no solo el hormigón, los cascos de los buques petroleros, la maquinaria pesada, gaseoductos, trenes, coches y edificios también requieren del acero con imperiosa necesidad. Los aceros son aleaciones en las que predo-

---

[25]   Dunar, A. J. y McBride, *D. Building Hoover Dam: An Oral History of the Great Depression.* University of Nevada Press, 2001.

mina el hierro. El proceso inicia en los altos hornos alimentados con carbón que producen hierro líquido (arrabio) fundiendo mineral de hierro, coque y piedra caliza. Este arrabio está constituido, en general, por un 95 y un 97 % de hierro, de un 1.8 a un 4 % de carbono, y de un 0.5 a un 3 % de silicio, con meras trazas de algunos otros elementos. Su alto contenido de carbono lo hace quebradizo y poco dúctil. El acero moderno se produce a partir de este arrabio, reduciendo su contenido de carbono drásticamente mediante una segunda fase que tiene lugar en un horno de oxígeno básico (el adjetivo «básico» hace referencia a las propiedades químicas de la escoria resultante). La reacción reduce el contenido de carbono del metal (hasta una cifra tan baja como el 0.04 %) en unos treinta minutos. La combinación del alto horno y el horno de oxígeno básico es la base de la fabricación integrada de acero moderna. Los últimos pasos incluyen transferir el acero caliente a máquinas de colada continua para producir losas, palanquillas (cuadradas o rectangulares) y cintas de acero que acaban por convertirlo en los productos definitivos. La fabricación de hierro requiere una gran cantidad de energía, alrededor del 75 % del consumo total viene de los altos hornos de carbón.

Las propiedades físicas del acero superan sin problemas las de otros metales más comunes. El granito tiene una resistencia similar a la compresión (capacidad para soportar cargas que aplasten el material), pero su resistencia a la tracción es un orden de magnitud inferior: las columnas de granito portan las cargas igual que las de acero, pero las vigas de acero pueden aguantar cargas quince y hasta treinta veces superiores al granito. La resistencia a la tracción típica de este material es unas siete veces superior al del aluminio y casi cuatro veces la del cobre; su dureza es cuatro y ocho veces mayor, respectivamente. Hay cuatro categorías principales de acero: el acero al carbono (el 90 % de todos los del mercado), que es muy utilizado en puentes, frigoríficos, engranajes y tijeras; el acero de aleación, que incluye diversas proporciones de uno o más elementos (los más habituales son manganeso, níquel, silicio y cromo, pero también aluminio, molibdeno, titanio y vanadio), agregados con el fin de mejorar propiedades físicas (dureza, resistencia y ductilidad); el acero inoxidable (con entre un 10 y un 20 % de cromo), que se fabricó por primera vez en 1912 para utensilios de cocina y ahora es ampliamente utilizado en instrumental quirúrgico, motores, piezas de máquinas y construcción; y el acero para fabricar herramientas, el cual se usa para cortar aceros y otros metales destinados a fabricar troqueles (para estampado o extrusión de metales o plásticos), así como para corte y martilleo manuales. Todos los aceros (con la excepción de algunas variedades de la gama inoxidable) son magnéticos y, por tanto, adecuados para fabricar maquinaria eléctrica.

El acero determina el aspecto visual de la civilización moderna y hace posibles sus funciones más fundamentales. Es el metal más utilizado y forma parte de innumerables componentes esenciales, visibles e invisibles, del mundo actual. Además, el hierro es abundante en la corteza terrestre: solo tres elementos (oxígeno, silicio y aluminio) son más comunes. La relación reservas/producción es de más de trescientos años, mucho más allá de cualquier horizonte de planificación concebible (esta cifra, en el caso del petróleo crudo, es de apenas cincuenta años).

El acero se puede reciclar fácilmente si se funde en un horno de arco eléctrico (EAF, por sus siglas en inglés). Después de introducir la chatarra de acero, descienden electrodos de carbono, una corriente eléctrica pasa a través de ellos y se forma un arco cuya elevada temperatura (1800 °C) funde fácilmente el metal. Sin embargo, el consumo de electricidad es enorme: incluso los EAF más modernos y eficientes necesitan tanta electricidad cada día como una ciudad estadounidense de unos 150 000 habitantes. Por todo esto, el acero es considerado un material preciado y se intenta reciclar en lo posible dentro de la industria y la sociedad. Aun así, los procesos de reciclaje son complejos. Con diferencia, la operación de reciclaje más complicada es el desmantelamiento de los buques oceánicos, que se lleva a cabo mayoritariamente en playas de Pakistán (Gadani, al noroeste de Karachi), India (Alang, en Guyarat) y Bangladesh (cerca de Chittagong). Los cascos desnudos, hechos de pesadas planchas de acero, se cortan con sopletes de gas o de plasma, un trabajo peligroso y contaminante que, con demasiada frecuencia, llevan a cabo personas que trabajan sin los equipos de protección adecuados. El acero reciclado representa casi el 30 % de la producción anual total del metal, con porcentajes nacionales que van desde el 100 % —en el caso de pequeños países productores— hasta casi el 70 % en Estados Unidos, alrededor del 40 % en la Unión Europea, y menos del 12 % en China. Esto significa que la fabricación primaria de acero aún predomina y se produce más del doble del metal que se recicla cada año: casi 1300 millones de toneladas en 2019.

Finalmente, no nos podemos olvidar del plástico. Los plásticos son un gran grupo de materiales orgánicos sintéticos (o semisintéticos) cuya cualidad común es su capacidad para ser moldeados. Su síntesis empieza con los monómeros, moléculas simples que pueden enlazarse en largas cadenas para formar polímeros. Los dos monómeros fundamentales, el etileno y el propileno, se producen por craqueo a vapor (calentamiento entre 750 y 950 °C) de hidrocarburos que actúan como materias primas y como generadores de energía para alimentar las subsiguientes síntesis. La maleabilidad de los plásticos permite darles forma mediante procesos de moldeado, prensado y extrusión, con los que se crean desde finas películas hasta robustas tuberías, y desde ligeras botellas hasta sólidos contenedores de desechos. La producción mundial ha estado dominada por los termoplásticos, polímeros que se ablandan fácilmente al calentarlos y se endurecen de nuevo cuando se enfrían. El polietileno (PE) de baja y alta densidad representa ahora más del 20 % de los polímeros plásticos de todo el mundo; el polipropileno (PP), alrededor del 15 %; y el cloruro de polivinilo (PVC), más del 10 %. Además, los plásticos termoestables (poliuretanos, poliimidas, melamina y ureaformaldehído) resisten el calor sin ablandarse. Algunos termoplásticos combinan un peso específico bajo (son ligeros) con una dureza (durabilidad) relativamente alta. El aluminio es resistente y pesa solo una tercera parte que el acero al carbono, pero la densidad del PVC es menos de un 20 % la del acero, y la resistencia a la tracción del poliestireno es el doble que la de la madera o el vidrio, y solo un 10 % inferior a la del aluminio.

Esta combinación de ligereza y gran resistencia ha hecho que los termoplásticos sean la opción favorita en conducciones y bridas, superficies antideslizantes y contenedores para sustancias químicas. Lo polímeros termoplásticos han hallado una gran diversidad de usos en interiores y exteriores de coches (parachoques de PP, salpicaderos, piezas de PVC, lentes de faros de policarbonato, etc.); los termoplástico ligeros que soportan altas temperaturas o ignífugos (policarbonato, mezclas de PVC y acrílico) dominan los interiores de los aviones modernos; mientras que los plásticos reforzados con fibra de carbono (materiales compuestos) se utilizan en la fabricación de fuselajes de aeronaves.

El primer material termoestable (moldeado a 150 °C o a 160 °C) lo elaboró Leo Hendrik Baekeland, en 1907, un químico belga que trabajaba en Nueva York. Su empresa, General Bakelite Company, fundada en 1910, fue el primer productor industrial de un plástico que se moldeaba en piezas y se usaba para aisladores eléctricos; incluso, durante la Segunda Guerra Mundial se utilizó para fabricar piezas para armas ligeras. El desarrollo técnico e industrial impulsado por compañías como DuPont consiguió que antes de la Segunda Guerra Mundial se llegara a la producción comercial del PVC (piezas de automóviles, botellas, tuberías, juguetes, pavimentos), acetato de celulosa (que en la actualidad se utiliza en paños y toallitas absorbentes), neopreno (caucho sintético), poliéster (para ropa y tapicería) y metacrilato de polimetilo (denominado también plexiglás).

Nuestro mundo está recubierto y empaquetado con plástico y la mayoría de los fluidos son almacenados y distribuidos con eficacia y coste reducido.

Conclusión

Resumiendo todo lo expuesto en este capítulo podemos afirmar que los pilares fundamentales que soportan nuestra civilización son: la energía eléctrica, el amoniaco para los fertilizantes, los combustibles fósiles para el transporte de mercancías y, finalmente, los aceros, el cemento y los plásticos necesarios para nuestras infraestructuras. Por desgracia, estos pilares tan importantes son a la vez la causa principal de nuestras mayores emisiones de gases de efecto invernadero.

Por un lado, la obtención de energía en la actualidad aún proviene en gran medida de combustibles fósiles cuya combustión provoca grandes cantidades de emisiones de efecto invernadero y, por otro lado, muchos de los materiales descritos en este capítulo (amoniaco, aceros, etc.) no solo necesitan abundante energía, sino que además requieren de procesos —como el reformado con vapor o el craqueo— posibles gracias a procesos químicos y a las altas temperaturas que se consiguen mediante la quema de estos combustibles. Las emisiones relacionadas con todos estos procesos suponen casi el 79 % del total de las 36.8 Gt de emisiones mundiales actuales. Las desglosamos aquí abajo para nuestra referencia:

- **Generación de energía**: 14.72 Gt CO_2.
- **Transporte por carretera y transporte marítimo**: 7.7 Gt CO_2.
- **Producción de amoniaco para fertilizantes**: 450 Mt de CO_2.
- **Producción de cemento**: 2.5 Gt de CO_2.
- **Producción de acero**: 2.6 Gt de CO_2.
- **Producción de plásticos**: 1.39 Gt de CO_2 [26]

---

[26] Banco Mundial: https://datos.bancomundial.org y Our World in Data: https://ourworldindata.org

Capítulo III.
La actual transición energética

Una vez analizados los beneficios y los costes medioambientales que generan los pilares de nuestra civilización, debemos centrarnos ahora en cómo el mundo —y principalmente los países occidentales— están afrontando la necesaria descarbonización de sus economías. Esta hoja de ruta llamada «transición energética» está basada en dos procesos determinantes: la electrificación y el uso de las energías renovables más económicas en la actualidad: la eólica y la solar fotovoltaica.

De partida, y haciendo un simple análisis de esta hoja de ruta, podemos adelantar que con esta electrificación solo seremos capaces de descarbonizar, como mucho, algo más de la mitad de la generación de energía y quizás la totalidad del transporte privado por carretera. Hay varias razones que explican esto. Primero, una red eléctrica confiable en la actualidad no puede permitir más de un cierto grado de penetración de estas energías renovables sin comprometer su funcionamiento global. Segundo, el transporte de mercancías vía electrificación requiere una infraestructura y un uso masivo de baterías cuyas limitaciones en peso, espacio y disponibilidad no permiten su despliegue extensivo ni en barcos ni en aviones ni en camiones. Además de todo esto, ya hemos visto que muchos de los procesos contaminantes descritos en el capítulo anterior no se pueden descarbonizar vía simple electrificación, debido a los procesos químicos y las elevadas temperaturas que requieren.

Esto es, *a priori*, el primer análisis que podemos hacer de la actual transición energética. No obstante, en este capítulo nos enfocaremos en las dos principales incógnitas. La primera será la determinación de los gastos ocultos en la red eléctrica que provoca la penetración de energías renovables altamente intermitentes. La segunda, será la determinación de la cercana carestía de materiales raros que, a su vez, son fundamentales para desplegar grandes cantidades en las energías solar fotovoltaica y eólica en la actualidad.

No todo es energía eléctrica

En el capítulo anterior hemos descrito con bastante detalle los pilares básicos de nuestra civilización no por un hecho meramente ilustrativo, sino para enfatizar que cada pilar ha sido construido a lo largo del último siglo a una velocidad vertiginosa y que nuestra calidad de vida se sustenta en ellos.

En esta evolución, tal vez nos sorprenda saber que la producción de energía eléctrica representa poco más de la cuarta parte de todas las emisiones de gases de efecto invernadero. Por ello, si hablamos de un plan exhaustivo y serio para afrontar el cambio climático, debemos contemplar todo aquello que los humanos hacemos y que provoca emisiones. Los coches y la electricidad acaparan toda la atención, pero son solo la punta del iceberg. Los turismos representan menos de la mitad de las emisiones derivadas del transporte y la electricidad, como ya hemos visto, solamente un 27 %. Entretanto, las emisiones por la producción de acero y cemento suman por sí solas cerca del 10 %.

Así, antes de adentrarnos en las dos principales incógnitas de la transición energética actual, conviene recordar que la mera electrificación no puede descarbonizar procesos como la producción de amoniaco, acero o cemento donde la química y el calor de alta temperatura no entienden de energía eléctrica. Igualmente, tampoco puede descarbonizar totalmente el transporte, pues la tecnología de motores eléctricos y baterías de litio puede aplicarse a coches eléctricos en el transporte particular de personas, pero son impracticables para el transporte colectivo y de mercancías por tierra, mar o aire. Con la senda actual, si electrificáramos todo el parque automovilístico y desplegáramos energías renovables hasta su límite técnico en la red —veremos este punto en el siguiente apartado—, como mucho podríamos reducir 12.32 Gt de CO_2 del total de 36.8 Gt totales emitidas en el 2022[27]. Mucho, para algunos, pero dramáticamente insuficiente si nos ceñimos a los requerimientos de reducción de emisiones necesarios.

El problema de la estabilidad

El principal problema que presenta el mix renovable que se plantea hoy en día —eólica y solar fotovoltaica— es que son fuentes de energía extremadamente inestables e intermitentes, y afectan de forma importante a los operadores de la red eléctrica. Inexorablemente, estos operadores deben hacer coincidir de manera constante la demanda de los clientes con la producción de energía de las centrales. Para esto, la red debe equilibrarse con una fuente de alimentación que pueda encenderse o apagarse fácilmente en cualquier momento. No tenemos capacidad de almacenar energía eléctrica de manera masiva a un costo relativamente razonable; por ello, los ciclos combinados que se alimentan de gas natural suelen ser la solución práctica que los operadores tienen para estabilizar lo que las renovables descuadran por su intermitencia. Antes del 2014, la mayoría de los países del mundo (con la excepción de Alemania, que ya generaba el 25.8 % de su electricidad a partir de renovables) tenían poca penetración renovable, pero, a medida que la energía eólica y solar fotovoltaica se convirtieron en una parte importante de la red, se empezó a requerir la construcción y el uso de más y más plantas de energía a gas. Cuando se usa la solar fotovoltaica o la eólica, la energía que producen puede disminuir, incluso

---

[27] Agencia Internacional de la Energía (IEA, por sus siglas en inglés): https://www.iea.org/

cuando la demanda sigue siendo alta, por lo que las centrales eléctricas a gas deben suplir esa caída súbita de energía. Este hecho obvio puede afectar de manera decisiva al costo real de la energía eléctrica. Teniendo en cuenta los gastos asociados a la construcción de la planta de gas necesaria, los gastos del consumo gas natural y a los mantenimientos necesarios, el «coste corregido de la energía» (LCOE, por sus siglas en inglés) proporcionada por la planta fotovoltaica puede casi triplicar al original[28]. Y esto sería mucho peor si añadiésemos una instalación de captura y de secuestro de carbono para minimizar las emisiones o intentar tener realmente una instalación global (planta de gas más planta fotovoltaica) limpia.

Pero los costes ocultos de este tipo de energías renovables no se quedan aquí. A todo esto hay que añadir el coste de la red de transporte de energía, pues al conectar múltiples estaciones de generación (renovables y esparcidas) en lugar de una sola (no renovable y concentrada) se añaden no solo estos gastos de transporte sino los de elevación de tensión, regulación, monitorización y mantenimiento. Estas son algunas de las razones por las que, a medida que los países europeos han ido aumentando la penetración de energía renovables en el sistema de generación nacional, los precios de la energía han ido subiendo de manera pareja; a pesar de que, como habitualmente se dice en los medios de comunicación, las energías renovables ya son competitivas con las fuentes de energía no renovables. El precio de la energía eléctrica no solo deriva de los costes de producción de las principales centrales, sino también del coste de estabilidad necesario para compensar la penetración renovable, el cual requiere de plantas de gas y un grado mayor de interconexión en la red.

El ejemplo más claro es el del Reino Unido. La participación de las energías renovables se ha multiplicado por siete, del 4.7 % a más del 36 %, y la mayor parte de esto se debe a un aumento masivo en la generación eólica, solar fotovoltaica y de biomasa. En este país, los costos

---

[28] Estudio Lazard:

https://www.lazard.com/research-insights/levelized-cost-of-energyplus/

de equilibrio de la red están documentados en el resumen de servicio equilibrado mensual (MBSS, por sus siglas en inglés) de la National Grid[29]. Estos informes muestran cuánto dinero se gasta cada mes equilibrando la oferta y la demanda, y podemos observar claramente que, el componente más grande es el «costo de restricción» (*curtailment*) que es de unos 1500 millones de libras esterlinas anuales. Estos son pagos a los dueños de las turbinas eólicas cuando estas podrían producir electricidad (hay viento) pero se les ordena parar (no hay suficiente demanda o hay restricciones de transmisión). Y es que la mayoría de las turbinas eólicas se encuentran en Escocia, pero la mayoría de los consumidores se encuentran más al sur en Inglaterra, lo cual genera un cuello de botella en las redes que atraviesan de norte a sur el país. Cuando el viento es demasiado fuerte y la demanda es baja, o si lo que generan las turbinas eólicas excede lo que es capaz de transportar la red eléctrica, estas deberán «apagarse» y sus dueños tendrán que recibir una compensación por restricción en la producción.

Otro componente importante del coste de la red británica es la necesidad de tener fuentes de generación confiables, incluso cuando el viento no sopla o el sol no brilla. Este grupo de costos se divide en partes más pequeñas: los costos de reserva operativa y los costos de respuesta. Así, en resumen, el coste total de los servicios de equilibrio de red para el año 2022 fue 3100 millones de libras esterlinas, con partidas como los 1500 millones de libras esterlinas para el efecto *curtailment*, 600 millones por las reservas operativas y 300 millones por otros tipos de respuestas de regulación. Y es que los costes de ajuste de la red se han ido multiplicando desde el 2010, de forma pareja a la penetración de la energía eólica y solar fotovoltaica en la red.

Con todos estos datos es fácil calcular los costes ocultos de las energías renovables en este país: alcanzaron un valor de 114 £/MWh (más del doble que el precio por sí solas). Si no nos queremos circunscribir al Reino Unido, un interesantísimo informe de la OCDE[30]muestra el

---

[29] https://www.nationalgrideso.com/data-portal/mbss
[30] OECD. *System Effects in Low-carbon Electricity Systems*. Page 130

valor en dólares de estos costes ocultos. El estudio evaluó los costes de la red para seis países de la OCDE con mezclas constantes de tecnologías eléctricas y diferentes grados de penetración renovable (10 % y 30 %.). Los costes de la fotovoltaica o la eólica podían ser de hasta un 45 % más caros si tenemos en cuenta las implicaciones que suponen en la red.

Escasez de materiales

Las energías renovables eólicas y fotovoltaica no solo son extremadamente intermitentes, sino que están mucho más asentadas en la electrónica de potencia y en el consumo de metales raros que otras fuentes de energía. El desarrollo tecnológico de las últimas décadas ha estado muy enfocado en dispositivos electrónicos, motores y fuentes de energía que necesitan multitud de metales raros. Hoy en día empleamos multitud de elementos en distintas aplicaciones que nos simplifican y facilitan la vida. En el móvil que tenemos en el bolsillo podemos encontrar el famoso litio (batería), pero también indio, lantano, itrio y europio (pantalla); disprosio, terbio, gadolinio y praseodimio (diferentes componentes electrónicos en la placa). El esmalte cerámico de la taza en la que bebemos café contiene neodimio; la radiografía que nos hicimos hace un par de semanas fue posible gracias al prometio; el coche eléctrico que conduciremos en unos años empleará cerio. Después de la Revolución Industrial y la globalización, la actual transición energética ha puesto a la humanidad en vías de una «tercera revolución industrial y energética». Como las dos anteriores, la actual se basa en un recurso primordial, una materia prima tan vital que los especialistas la llaman «el petróleo del siglo XXI»: los metales raros.

A diferencia de lo que ocurría con el carbón y el petróleo, el consumidor actual no conoce ese extenso elenco de materiales raros que están esparcidos por la corteza terrestre y que suelen encontrarse además en proporciones ínfimas. Por ejemplo, en términos medios, el suelo contiene 1200 veces menos neodimio y hasta 2650 veces menos galio que hierro. Se tratan, pues, de metales caros: un kilo de galio cuesta alrededor de 150 dólares; es decir, casi nueve mil veces más que el hierro; el germanio, por su parte, cuesta diez veces más que el galio. Y es que, a partir de la década de 1970, el ser humano se dedicó a explotar las excepcionales propiedades magnéticas de algunos de estos metales y a manipularlos para fabricar imanes ultrapotentes. En la actualidad, estos imanes suponen para la gran mayoría de los motores eléctricos, lo que hasta el momento significaba el acero y el petróleo para las máquinas de vapor y los motores de gasolina. Algo parecido sucede con el cobre, que no es un metal raro, pero debemos saber que, en lo que llevamos de siglo XXI (24 años), hemos extraído más cobre que en todo el siglo XX[31]. Cada niño estadounidense que nazca hoy consumirá una media de 444 kg de cobre durante su vida (78.6 años[32]) y esto implica que, si todos los habitantes del planeta intentáramos vivir hoy como un estadounidense medio, necesitaríamos multiplicar por dos la extracción actual de cobre para cubrir la demanda.

Para analizar este nuevo paradigma mundial, un equipo de investigadores de la Universidad de Valladolid ha estimado la eficiencia de este nuevo modelo productivo y ha descrito escenarios de movilidad electrificada a los que se podrían dirigir las sociedades, calculando el consumo de cobre asociado. Uno de los resultados más evidentes es que, para crear la gigantesca infraestructura requerida por los vehículos eléctricos (puntos de carga y conexiones a la red) necesitaríamos multiplicar varios órdenes de magnitud la extracción de cobre actual y extraer de golpe el 3 % de todas las reservas originales del planeta; con ello se reduciría de manera drástica su fecha de agotamiento.

La extracción exponencial de materiales conlleva, asimismo, un aumento de la energía dedicada a la minería, lo que a su vez puede llegar a generar, en algunos casos, serios impactos en el medio ambiente. Según estudios de la Agencia Internacional de la Energía, la industria minera consume entre el 8 y el 10% de la energía global. Como ejemplo de lo intensiva que es la minería en cuanto al uso de energía, cada año la industria minera de Australia consume tanta electricidad como Portugal y,

---

[31] USGS. Critical minerals review. 2018
[32] USGS. Critical minerals review. 2018

si se considera además el coste del transporte, se equipara con la energía consumida en toda España. Queda claro que no puede haber energía sin materiales, pero tampoco puede haber materiales sin energía.

Igualmente, la destrucción del medio ambiente y la explotación laboral están muy ligadas a este nuevo petróleo del siglo XXI. En 2006, unas sesenta empresas de producción de indio, un metal raro utilizado en la fabricación de ciertas tecnologías de paneles solares, arrojaban toneladas de productos químicos al río Xiang, en la provincia meridional de Hunan. En 2011 se informó de los estragos causados a los ecosistemas del río Ting, en la provincia costera de Fujian, debido a la explotación de una mina rica en galio, un metal prometedor para la fabricación de bombillas de bajo consumo. En Ganzhou, la prensa local informó recientemente de que montañas de residuos tóxicos amontonados por una fábrica de producción de wolframio (o tungsteno), metal indispensable para las palas de los aerogeneradores, habían obstruido varios afluentes del Yangtsé. Y eso no es todo, la purificación de cada tonelada de tierras raras requiere la utilización de 200 m2 de un agua que, al pasar por los procesos de separación, se va cargando de ácidos y de metales pesados. Muy rara vez esta agua es tratada antes de ser vertida en China.

En ningún país minero y exportador (China o República del Congo) casi nada se hace siguiendo criterios ecológicos o sanitarios elementales debido a los ingentes costes que esto supone. Por ello, aunque Europa posee ciertos yacimientos de metales raros entre sus fronteras, su extracción, y en especial su tratamiento, se externaliza a países sin regulación ambiental, como China, para tener un producto final económicamente viable. Esa externalización de procesos altamente contaminantes supone que el 10 % de las tierras cultivables en China estén contaminadas por metales pesados y el 80 % de sus aguas subterráneas no sean aptas para su consumo. El gigante asiático representa solamente el 28 % de las emisiones de CO_2 en el mundo y más de 1.6 millones de personas mueren al año por la contaminación en sus grandes ciudades.

La actual transición energética parece más bien una transición para las clases más privilegiadas: descontamina el centro de las ciudades —más adinerado—, para trasladar su impacto real a las zonas más miserables y alejadas de las urbes. Y es que, como hemos explicado, los procesos mineros son extremadamente contaminantes y las medidas paliativas para reducir su impacto ambiental resultan extremadamente costosas. Por ello, minas como las de Mountain Pass de Molycorp o empresas como Magnequench —proveedor durante décadas del Pentágono— han cerrado o simplemente se han trasladado a China, donde no hay medidas de mitigación ni costes de reparación ambiental repercutidos al coste final de producto.

El ejemplo más duro que tenemos sobre este tema es el del famoso coltán. El coltán no es un elemento químico; por esta razón, no aparece en la tabla periódica. En realidad, es un mineral constituido por la mezcla desigual de dos minerales: la columbita y la tantalita. De esta mezcla procede su nombre: «col» (de columbita) y «tan» (de tantalita). Sus propiedades fisicoquímicas lo hacen idóneo para fabricar condensadores y resistencias de alta potencia, entre otros componentes. El óxido de tantalio tiene una propiedad muy interesante: de forma natural tiende a formar capas muy finas. Estas capas pueden ser utilizadas para fabricar el dieléctrico de los condensadores, que no es otra cosa que un componente con una conductividad eléctrica muy baja y que, por tanto, se comporta como un aislante. No es en absoluto necesario que conozcamos en detalle cómo funciona un condensador, pero nos viene bien saber que es un componente eléctrico capaz de almacenar energía potencial bajo la forma de un campo eléctrico.

La mayor parte de los condensadores tiene una estructura relativamente sencilla: dos placas de material metálico capaz de conducir la electricidad separadas por un material aislante. Este último es, precisamente, el dieléctrico para el que el coltán es fundamental. Tenemos que saber que cada móvil que compramos puede contener varios gramos de coltán y que un kilo de este mineral le cuesta la vida a dos personas en el Congo; dato especialmente sangrante, valga la redundancia, cuando sabemos que existen 5000 millones de teléfonos olvidados ya en nuestro cajones[33]. Este mineral tan codiciado está controlado por más de 120 grupos armados que se lucran de la extracción ilegal para la compra de armas. Con estas mismas armas, después se cometen masacres masivas sobre poblaciones civiles, se violan indiscriminadamente mujeres y se secuestran a niños como soldados. Según UNICEF, en el Congo hay más de 40 000 menores trabajando en las minas de coltán y se han generado 4 000 000 de refugiados (más que el total de refugiados de Siria, Yemen o Irak juntos).

Además del tema humanitario, desde un punto de vista más técnico, necesitamos no solo evaluar cuánto extraemos y tenemos disponible de metales raros en la Tierra, sino que es necesario integrar múltiples factores, como la concentración del material, el consumo energético que la separación requiere y los procesos de reciclado al final de la vida útil. Para calcular de manera científica estas variables se suele utilizar una ciencia que se llama «termoeconomía»[34] y que calcula la exergía y, más específicamente, los costes exergéticos de extracción y reposición. Esto nos permite evaluar la «rareza termodinámica» del compuesto, donde su concentración en la capa terrestre y su localización son cruciales, así como sus procesos energéticos de recuperación y reciclado. La termoeconomía usa esta rareza termodinámica e intenta no solo abordar la resolución de problemas desde un punto económico sino también desde un punto de vista que evite el despilfarro energético y de recursos naturales. Y es que la exergía nos alerta de una posible ineficiencia de los flujos de energía y, aunque es una propiedad unidimensional, es sensible a la cantidad y a la calidad de energía intercambiada. Porque el gran problema del reciclado de los residuos minerales es su propia naturaleza entrópica, por ejemplo, es extremadamente costosa la logística inversa para concentrar los miles de millones de móviles que, como comentamos, mantenemos guardados en nuestros cajones.

Aun siendo los teléfonos móviles una tecnología que demanda estos materiales, son las energías renovables las que más van a necesitar

---

[33] Dato suministrado por la Asociación GSM (AGSM): https://www.gsma.com/latinamerica/es/

[34] Valero, A., Valero A., y Calvo, G. *Thanatia. Límites materiales de la transición energética*. Prensas de la Universidad de Zaragoza, 2021.

de materiales críticos. Una potencia eléctrica de 1000 MW (megavatios), instalada con 200 aerogeneradores de 5 MW, actualmente necesita unas 160 000 toneladas de acero, 2000 de cobre, 780 de aluminio, 110 de níquel, 85 de neodimio y 7 de disprosio. La misma potencia instalada con gas natural como combustible requiere unas 5500 toneladas de acero, 750 toneladas de cobre y 750 de aluminio, aproximadamente; es decir, una 25 veces menos cantidad de metales[35]. Por ejemplo, el neodimio y el disprosio son los componentes esenciales de los imanes permanentes necesarios para la conversión de la energía mecánica de rotación en energía eléctrica en el generador. Y, si tenemos en cuenta que hoy en día se requieren 17 000 toneladas de neodimio metálico al año y que cada año se extrae más y más, estamos en una situación de riesgo para la transición energética.

La energía fotovoltaica no se escapa del problema de los materiales, pues las células convencionales necesitan cobre, estaño y plata, además de silicio. Pero las nuevas y más eficientes necesitan indio, galio y selenio; o teluro y cadmio, dependiendo de la tecnología utilizada. Y es que se espera de las tecnologías fotovoltaicas un mayor crecimiento que incluso en la eólica, y la incapacidad o dificultad para el reciclaje es mucho mayor que la de los componentes metálicos de los aerogeneradores.

Como punto añadido, cabe mencionar que el almacenamiento de energía es consustancial con la energía renovable, como hemos visto anteriormente, y si este se logra mediante baterías, demandará masivas cantidades de litio, grafito y cobalto junto con níquel, manganeso y aluminio, entre otros. De nuevo, una serie de elementos muy escasos de la corteza terrestre.

Estudios basados en la termoeconomía nos dicen de manera científica que el teluro —fundamental para la industria fotovoltaica— está en verdadero «peligro de extinción». Y con esto podemos elaborar una larga lista de metales con malas expectativas de suministro para este siglo, por ejemplo, la plata, el oro, el cobre o el níquel. Se estima que su demanda se habrá multiplicado por cinco de aquí a 2050 y que

---

[35] Valero, A., Valero A., y Calvo, G. *Thanatia. Límites materiales de la transición energética*. Prensas de la Universidad de Zaragoza, 2021.

esa cifra superará por mucho la cantidad que será posible y rentable extraer a los precios actuales[36].

Según otros informes[37] y la propia Comisión Europea[38], al ritmo de producción actual, las reservas rentables de una quincena de metales básicos y metales raros podrían estar agotadas en menos de cincuenta años. También nos dirigimos, a corto o medio plazo, hacia la posible escasez de vanadio, disprosio, terbio, europio, neodimio, titanio e indio.

A través de la termoeconomía es posible comprobar que ciertas tecnologías que, *a priori*, pueden parecer más eficientes, no tienen por qué ser las más «sostenibles» de acuerdo con los materiales se emplean en ellas; principalmente porque los procesos de reciclaje son en extremo caros y, sobre todo, costosos desde un punto de vista energético. Por ejemplo, las «ecológicas» luces led tienen una elevada rareza termodinámica (galio, indio, oro, plata, zinc, etc.) y sus procesos de reciclaje son extremadamente costosos. Desde Ambilamp (organización del reciclaje de bombillas) reconocen que «el 100 % de los materiales de una bombilla led, tras un proceso de reciclado, no pueden utilizarse de manera efectiva»

Usando la misma metodología vemos que, aunque el 85 % de un coche se recupera, los principales elementos que se reciclan son el acero, el aluminio, el cobre, el plomo y los metales del catalizador, pues son los que se encuentran en una cantidad mínima que hace rentable su recuperación. El resto de los metales presentes: litio, cobalto, manganeso, níquel, tierras raras, galio, indio, niobio, tántalo acaban en

---

[36] Halada et al. *Reviewing the availability of copper and nickel for future generations. The balance between production growth, sustainability and recycling rates.* ELSEVIER, 2008

[37] Delamarche, M. «De surprenantes matières critiques», en *L'usine Nouvelle*, 2017: https://www.usinenouvelle.com/article/infographie-de-surprenantes-matieres-critiques.N563822

[38] European Commission. Joint Research Center. *Critical Metals in the Path towards the Decarbonisation of the EU Energy Sector, Assessing Rare Metals as Supply-chain Bottlenecks in Low-carbon Energy Technologies.* Luxembourg: Publications Office of the European Union, 2013.

el vertedero, en pequeñas cantidades o mezclados en aleaciones[39]. Es decir, aunque recuperamos el 85 % del peso de un vehículo, desde un punto de vista termodinámico solo se recupera el 26 %[40].

Es factible decir que a esta larga lista de materiales raros que suponen el nuevo petróleo para el siglo XXI le podemos anticipar un ocaso muy cercano. Además, la dependencia que hemos generado por ellos provoca unas injusticias y tensiones geopolíticas casi más importantes que todas las guerras del petróleo en el siglo pasado. Recordemos que la capacidad de extracción de materias primas necesarias para la actual transición energética está repartida de una manera muy poco homogénea a lo largo de nuestro planeta, por ejemplo, el 55 % de toda la extracción de litio se produce en Australia; el 60 % de las tierras raras en China; el 70 % del cobalto en la República Democrática del Congo; el 83 % del platino (quimioterapia y discos duros) en Sudáfrica; el 90 % del niobio (fundamental para aceros de alta temperatura) en Brasil; y, casi el 50 % de todo el paladio (catalizadores de coches y placas base de ordenadores y móviles), en Rusia.

[39] Anderson et al. *Are scarce metals in cars functionally recycled?* ELSEVIER, 2017
[40] Ortego et al. *Assessment of strategic raw materials in the automobile sector.* ELSEVIER, 2018

Capítulo IV.
La alternativa: energía termosolar e hidrógeno verde

Hasta ahora hemos abordado el problema climático centrándonos es sus aspectos más científicos y técnicos, hemos entendido su origen y la actual solución planteada por el mundo occidental: la llamada «transición energética». Asimismo, hemos podido intuir que con esta transición quizás estemos deslocalizando el problema más que atajándolo, ya que lleva implícitos unas contrapartidas y unos costes ocultos que no han sido considerados de forma realista. Se nos está intentando vender una transición verde que supuestamente no tendrá efecto sobre nuestro nivel de vida y, en mi opinión, creo que este mensaje es un problema por su distorsión de la realidad. No estoy cuestionando el problema ni las causas vistas hasta ahora, simplemente creo que las soluciones que se están tomando no son acertadas. Me parece evidente que la solución requerirá de un conjunto de tecnologías que permitan una transición más suave y homogénea, y que, sobre todo, sean capaces realmente de descarbonizar todos los procesos más fundamentales de nuestra civilización sin causar otros problemas más importantes en el camino.

Por ello, la alternativa que trataré de explicar a continuación tiene como objetivo no caer en los mismos errores detectados anteriormente y proponer una alternativa que sea viable a largo plazo, que proporcione estabilidad a la red, que descarbonice todos los procesos contaminantes y que no suponga dejar de depender del petróleo simplemente para pasar a depender de los metales raros. Con estas premisas delante, pienso que la unión entre la energía termosolar y la economía circular del hidrógeno verde se ajusta extremadamente bien a esta visión globalista y largoplacista.

La termosolar o las tecnologías CSP (*Concentrated Solar Power*) utilizan una configuración de espejos que concentra la energía del sol en un receptor que la convierte en calor. A continuación, el calor —mediante fluidos caloportadores— transforma el agua en un vapor que mueve una turbina para producir energía eléctrica. Las centrales CSP tienen la ventaja de que, al transformar la energía proveniente del sol en calor, trabajan muy eficientemente acoplados a sistemas de almacenamiento térmico y permiten hacer acopio de gran cantidad de energía a bajo precio, algo que no ocurre con las reservas de energía eléctrica. Esta capacidad de almacenar energía y la inercia de su turbina son los factores que convierten a la CSP en una fuente flexible de energía renovable que podría cubrir momentos de escasez de recursos solares y además proporcionar estabilidad de red. Por otro lado, el consumo de metales y tierras raras es mucho menor que en la solar fotovoltaica, ya que no requiere teluro, ni selenio, ni indio ni galio, y, por cada GW instalado, necesita diez veces menos plata y mil veces menos cobre. Respecto a la eólica, cabe decir que la CSP no requiere disprosio ni neodimio, entre otros.

Por otro lado, el hidrógeno es el elemento más abundante y sencillo del universo. Tiene el potencial de proveer de energía a cualquier medio de transporte, así como a edificios y grandes fábricas. El hidrógeno no es una energía primaria sino un vector energético. Hay que producirlo a partir de una fuente de energía primaria (renovable para producir hidrógeno verde) y sirve para transportar y almacenar energía. Según los datos de la Agencia Internacional de la Energía, actualmente se consumen en el mundo unas 70 millones de toneladas de hidrógeno. Se utiliza principalmente como reactivo para varios procesos en el sector químico, tales como la producción de amoníaco, el hidrocraqueo y la desulfuración de combustibles. Estas aplicaciones representan el 80 % de la demanda global. El hidrógeno verde generado mediante termosolar y electrolizadores podría emplearse para cientos de aplicaciones industriales y procesos químicos. Se podría usar directamente en el sector del transporte de mercancías para alimentar motores eléctricos mediante pilas de combustible o para producir combustibles sintéticos recombinado con metanol a fin de alimentar los actuales motores de combustión sin emisiones netas durante el ciclo de vida del carburante. El hidrógeno también puede inyectarse en la red de gas natural y alimentar calderas de calor, combinarse con nitrógeno para producir el amoniaco necesario para los fertilizantes, reducir directamente el hierro para luego producir acero sin necesidad de quemar carbón o gas natural, así como usarse en el hidrocraqueo para sustituir el carbón en los procesos de refino o fabricación de plásticos; y así, un largo etcétera.

Existen diversas formas de producir hidrógeno verde. Una de las tecnologías más utilizadas es la «electrólisis a partir de agua», que consiste en la separación de la molécula de agua en hidrógeno y oxígeno mediante la aplicación de energía eléctrica renovable. Los electrolizadores alcalinos, que son los que poseen una tecnología más madura, utilizan una solución alcalina, generalmente de hidróxido de potasio (KOH), como electrolito y un diafragma entre el lado positivo de la celda que produce oxígeno y el lado negativo que produce hidrógeno. Este diafragma permite que los iones OH- migren de un lado de la celda al otro. Cada módulo de electrólisis tiene dos colectores de salida que transportan la corriente de salida a separadores líquido-gas, donde se separan el hidrógeno y el oxígeno del electrolito y el agua. El exceso de calor de la electrólisis se elimina mediante dos enfriadores en las corrientes de salida.

En definitiva, la combinación de energía termosolar como recurso energético renovable y la economía circular del hidrógeno verde podría no solo alimentar la red eléctrica de manera fiable sino también descarbonizar los procesos más fundamentales y contaminantes de nuestra sociedad. Pero vayamos paso a paso y conozcamos los detalles de la aplicación de esta combinación en cada uno de los pilares que identificamos en el Capítulo II.

Transporte

Mediante el hidrógeno verde y la energía termosolar podemos obtener distintos tipos de combustibles aptos para los medios de transporte de personas y mercancías:

- **E-keroseno**: el proceso funciona de la siguiente manera. Primero se utiliza energía renovable para obtener hidrógeno verde mediante un proceso de electrólisis. En paralelo se obtiene CO_2 a través de un proceso de captura en el que también se utiliza energía renovable. Finalmente, se combina el CO_2 y el hidrógeno gracias a un proceso llamado Fischer Tropsch (FT), que sirve para transformar el *syngas*[41] en keroseno verde. El e-keroseno contiene menor cantidad de aromáticos y genera menores emisiones directas de partículas. Mezclado al 50 % con Jet-A1 tradicional, reduce la formación de estelas de condensación en un 20 % y podría usarse perfectamente en el transporte aéreo con cero emisiones netas en su proceso.
- **Amoniaco**: el amoniaco verde ya se está probando como combustible para cargueros y transporte marítimo con muy buenos resultados. El proceso de obtención de amoniaco verde para luego producir los fertilizantes que mencionamos a lo largo del capítulo II, es exactamente el mismo, la única diferencia es que en lugar de obtener hidrógeno mediante reformado (quemando carbón o gas natural) se obtiene mediante energía renovable procedente de las CSP y la electrólisis del agua.

  E-fuel: la gasolina sintética es otro carburante neutro en emisiones de carbono (CO_2). Se obtiene a través de hidrógeno verde

---

[41] El Syngas o gas de síntesis es un combustible gaseoso obtenido a partir de sustancias ricas en carbono (hulla, carbón, coque, nafta, biomasa) principalmente lignocelulósicos sometidas a un proceso químico a alta temperatura.

y CO_2 y permite alimentar motores de combustión de manera limpia para el medio ambiente. El procedimiento para la obtención es el siguiente. Primero, se separa el oxígeno y el hidrógeno que componen el agua mediante electrólisis. El oxígeno se expulsa a la atmósfera y el hidrógeno verde se combina con el dióxido de carbono usando presiones y temperaturas elevadas, así como catalizadores para generar metanol. Para la captura del dióxido de carbono del aire se emplean torres de absorción cuya tecnología ya está presente en algunas refinerías. Para convertir el metanol (CH_3OH) en gasolina sintética se vuelve a usar presión, temperatura en catalizadores y, finalmente, se opta por procesos de destilación y conseguir así su refino definitivo.

Fertilizantes

El proceso de obtención de amoniaco verde lo hemos explicado anteriormente para el transporte marítimo y en la actualidad empieza a ser una opción viable y casi rentable en los momentos en los que el gas natural alcanza altos precios de mercado. En este caso, el proceso de producción sería exactamente el mismo que el actual, aunque la fuente de hidrógeno sería verde en lugar del hidrógeno producido mediante reformado, el cual requiere la quema de carbón.

Cemento

En la producción del hormigón, el 60 % de las emisiones proviene de la «descarbonatación», un proceso que se lleva a cabo a altísimas temperaturas y que permite obtener de la materia prima su componente básico, el llamado clínker. El resto es fruto de la quema de combustibles fósiles necesaria para alimentar los hornos utilizados en esa fase y de otras actividades, como el uso de la electricidad, por ejemplo. El hidrógeno se podría utilizar para reducir la cantidad de clínker necesaria en la producción de cemento, ya que se puede utilizar como agente reductor. Solo con esta medida se reducirían las emisiones de

CO_2 hasta en un 50 %. Para llegar al 100 % de descarbonización, existe la posibilidad de usar hidrógeno verde en los actuales hornos industriales como combustible, a fin de alcanzar las altas temperaturas necesarias, pero esta opción aún no está desarrollada.

Acero

Como ya hemos visto, el acero se produce a través de dos rutas principales: alto horno-horno de oxígeno básico (de ahora en adelante *Blast Furnace-Basic Oxygen Furnace* [BF-BOF]) y fusión directa para la chatarra (de ahora en adelante *Electric Arc Furnace* [EAF]). La ruta BF-BOF utiliza principalmente mineral de hierro y, dependiendo de la instalación, hasta un 30 % de chatarra. La ruta EAF utiliza principalmente chatarra y, dependiendo de la instalación, hasta un 30 % de hierro y mineral de hierro. Otra diferencia fundamental entre ambas rutas es el combustible que utilizan. En el caso del BF-BOF se trata principalmente de coque, mientras que la ruta del EAF usa acero reciclado y electricidad para producir acero.

No obstante, recientemente ha aparecido una tercera vía, que es la que aquí nos interesa. Se trata de un método en el que el hidrógeno puede sustituir al carbono como reductor (DRI o reducción directa de hierro, por sus siglas en inglés). Actualmente, solo el 4 % del acero bruto mundial se produce a través de este proceso, pero tiene un gran potencial pues alcanza mayor eficiencia energética que la tradicional ruta del alto horno. Además, emparejado con un EAF, puede cambiar el actual consumo de gas natural por hidrógeno verde para el proceso de reducción de óxido de hierro. Con esta tercera vía se podrían reducir las emisiones un 40 o 60 %, pero si queremos marcarnos el objetivo de reducirlas al 100 %, tendríamos que inyectar hidrógeno verde en el horno como combustible, al igual que propusimos en la producción de clínker. Con todo, esta vía de reducción aún está explorándose y en fase de estudio.

Plásticos

Para tener en nuestras manos los plásticos que conocemos, debemos seguir dependiendo inexorablemente del petróleo. La mayoría de las emisiones derivadas de la elaboración de plásticos son producto de reacciones altamente endotérmicas, como el craqueo, ya que requieren una gran cantidad de energía para la disociación de la nafta. La mezcla de nafta y gas es precalentada a unos 750 o 850 °C mediante la adición de vapor y productos a altas temperaturas en el horno de reacción y finalmente se separa en diferentes fracciones en una columna de rectificación de varios pasos. La energía e hidrógeno requeridos para el craqueo provienen de la quema de coque y del reformado. Tanto la energía como el hidrógeno gris (vía reformado de vapor) podrían ser proporcionados por hidrógeno verde y reducir drásticamente las emisiones.

Conclusión

Solo un 19 % de la energía mundial consumida es energía eléctrica. El resto se consume en forma de calor, principalmente en la calefacción en edificios, en procesos industriales y otros usos.

La transición energética actual se asienta en la electrificación y en energías renovables extremadamente intermitentes, por lo que no puede descarbonizar completamente la red eléctrica ni tampoco múltiples sectores industriales. La alternativa propuesta es la unión de la energía termosolar y el hidrógeno verde, la cual podría ser capaz de proveer mayor estabilidad de energía a la red eléctrica y descarbonizar satisfactoriamente los procesos de producción de acero, hormigón y plásticos junto con el altamente contaminante transporte de mercancías.

Además, podríamos mantener los actuales coches de combustión, eliminando las emisiones de CO_2 en el ciclo global, pero democratizando la transición energética, a fin de que todos los ciudadanos, ricos y pobres, puedan acceder a ella. No todos los ciudadanos pueden comprarse un lujoso coche eléctrico para sus desplazamientos ni todos los ciudadanos pueden tener placas fotovoltaicas en sus casas en las afueras para tener un punto de recarga viable y asequible a su modo de vida. Sin externalizar nuestras emisiones a otros países ni abandonar la producción de multitud de productos que facilitan nuestra existencia, la unión termosolar e hidrógeno verde podría ser una vía válida para descarbonizarnos sin que el ciudadano de a pie deba hacer una gran inversión inicial de partida con el objeto de reemplazar motores de combustión por motores eléctricos alimentados por carísimas baterías de litio.

Nota técnica I.
La gran oportunidad de España para convertirse en el gran HUB de hidrógeno verde y energía limpia en Europa

El sociólogo Max Weber, en su gran éxito ensayístico *La ética protestante y el espíritu del capitalismo* (1904), afirmó que la ética protestante alienta el ahorro y el trabajo, lo cual sentó las bases del capitalismo. En su obra, Weber asocia racionalidad y capitalismo con protestantismo. Sin embargo, hay múltiples factores que determinan el grado de desarrollo o de industrialización de un país. Entre esos factores está la disponibilidad de fuentes de energía, que en mi opinión puede tener más peso que la mera ruptura con la Iglesia romana. Por ejemplo, Bélgica que, a pesar de su mayoría católica, fue el país más industrializado de Europa tras Reino Unido durante el siglo XIX y primera mitad del XX. En cambio, naciones donde el protestantismo predomina, como Dinamarca y Finlandia, no disfrutaron las mieles de la industrialización por falta de energía motora hasta bien entrado el siglo XX. En el periodo comprendido entre 1820 y 1913, cuando el carbón era la principal materia prima, el desarrollo católico belga superó al británico[42] y países hoy punteros, como la luterana Suecia o la calvinista Holanda, no despegaron hasta que la

---

[42] Maddison, A. *The World Economy: A millennial perspective.* Development Centre Studies. OECD, 2001.

energía hidroeléctrica impulsó su desarrollo o se descubrieron grandes depósitos de gas. Los problemas materiales del sur europeo pueden no derivar directamente del carácter irracional y despilfarrador de sus habitantes, sino ser debidos a ciertos obstáculos que lastran su desarrollo. El principal es, según mi perspectiva, la carencia de fuentes de energía que ralentizó la industrialización en sus orígenes y la desplazó a la periferia de los flujos comerciales.

Por ello, creo que la transición que aquí propongo es una oportunidad para que el sur de Europa se convierta en el nuevo núcleo industrial del continente, favorecido por su disposición de ingentes recursos renovables y la necesidad de migrar a procesos productivos no contaminantes.

En concreto, estaríamos hablando del despliegue de miles de plantas termosolares a lo largo de la geografía española, que proporcionarían energía renovable estable, segura y con baja intermitencia no solo a la red eléctrica europea, sino también a los miles de plantas de electrólisis necesarias para la producción masiva de hidrógeno verde dentro de Europa. Esos millones de toneladas de hidrógeno verde en territorio nacional serían transportados a Europa para la casi total descarbonización no solo del transporte sino de la producción de cemento, fertilizantes y acero. Este proceso de descarbonización no solo convertiría a España en el nuevo centro neurálgico de la industria europea, sino también reduciría la dependencia y debilidad geopolítica que sufre nuestro continente frente a la importación de los metales raros —necesarios para las renovables intermitentes— y de combustibles fósiles —fundamentales para el transporte y la generación eléctrica—.

En resumen, este gran HUB (centro de operaciones) de generación renovable y producción de hidrógeno verde cambiaría el paisaje y la economía de España: solo la instalación de las plantas de energía termosolar necesarias para tamaña transformación requeriría una inversión de 2.5 billones de euros. A esto habría que añadir los 120 739 millones de euros necesarios para la instalación de plantas de electrólisis. Además, estaríamos hablando del desarrollo de desaladoras, naves de compresión, hidroductos, estaciones de regulación, líneas de transmisión eléctrica y un largo etcétera de instalaciones auxiliares que, en conjunto, industrializarían nuestro país hasta un nuevo nivel.

Producción 1: Plantas CSP

Para evaluar la potencial producción de energía termosolar con gran capacidad de almacenamiento, nos podemos fijar en la planta que actualmente opera en Fuentes de Andalucía (Sevilla). Gemasolar es una planta con 15 horas de almacenamiento (puede producir sin sol) y que suministra anualmente 110 GWh a la red eléctrica. La planta ocupa una extensión total de 185 hectáreas y esta extensión será la unidad de medida utilizada para evaluar la capacidad de generación máxima que podemos sacar en España en producción renovable mediante la tecnología termosolar.

En la búsqueda de sitios en España donde desplegar estas plantas, podemos observar que en el sur hay muchos terrenos dedicados a cultivos extensivos de secano que son muy poco productivos o no son realmente representativos de la zona. Tenemos en ese apartado el girasol, el trigo y la cebada.

En Andalucía, en particular, los cultivos de trigo y girasol suponen una superficie de 554 000 hectáreas. Si a eso añadiésemos un 50 % de olivo, que es su cultivo más importante, tendríamos un total 1 354 000 de hectáreas. Respecto al olivo, aunque es cierto que es un cultivo muy característico de nuestra tierra, ya partimos de una superficie de olivar ingente en Andalucía, por lo que una reducción del 50 % no sería el fin de un cultivo representativo para la región, sino más bien una diversificación de su economía hacia sectores con mayor valor añadido.

En Castilla la Mancha, el cultivo más significativo es la cebada y el uso del 75 % de su extensión supondría aproximadamente 600 000 hectáreas con igual razonamiento que lo expuesto para Andalucía con el olivar. En Castilla y León hay aproximadamente 350 000 hectáreas con buena insolación y dedicadas a la ganadería. En Extremadura, Murcia y Alicante, por su parte, tenemos un total de 450 000 hectáreas que son terrenos dedicados a pastos y cultivos leñosos.

Sumando todas estas superficies podríamos tener disponibles unos 2 754 millones de hectáreas para la implantación de plantas termosolares con almacenamiento. Con esta superficie se podría desplegar una cantidad de plantas termosolares con almacenamiento capaces de llegar a la producción anual de 1637 TWh.

Producción 2: Plantas eólicas

Europa cuenta con unos 255 GW de energía eólica actualmente instalada produciendo unos 2 960 TWh anuales. La instalación y producción han ido creciendo de manera constante en los últimos años, desde los 370 TWh del 2018 a los 489 TWh del 2022. Suponiendo un crecimiento similar de aquí al 2030, podremos tener en disposición unos 179 TWh adicionales.

Producción 3: Plantas fotovoltaicas

La solar fotovoltaica sigue siendo la tecnología de producción renovable que mayor crecimiento experimenta. Actualmente, España tiene una potencia instalada de 19 785 MW, con un ritmo de crecimiento del casi 30 % anual. Asumiendo una tasa similar de aquí al 2030 podríamos tener unos 275 TWh adicionales. El caso de Portugal es similar, aunque su potencial de despliegue es aún mucho mayor pudiendo pasar de los 31 TWh a los 181 TWh de aquí al 2030. En total podríamos tener un despliegue fotovoltaico total de 415 TWh adicionales.

Consumo 1: Energía eléctrica

En 2022, la UE produjo 2 641 TWh (teravatios hora) de electricidad, de los cuales casi el 40 % procedía de fuentes renovables. Los combustibles fósiles representaron el 38.6 %, y la electricidad nuclear más del 20 %. Esto quiere decir que 1 019 426 TWh aún son producidos mediante fuentes de energía no renovables. A pesar de tener como energía base la nuclear, la sustitución total de las fuentes de energía no renovables por un tema de estabilidad de red parece un objetivo poco realista. En todo caso, la sustitución del 30 %, por ejemplo, podría ser un paso intermedio y posiblemente realista usando la energía termosolar con almacenamiento. Este 30 % supondría entonces 305 TWh totales.

El total de esta energía podría ser generada en España y enviada a Europa vía líneas de alta tensión que no solo ejercieran su función de transmisión, sino también de mejora en la robustez y estabilidad del sistema eléctrico europeo, capacitándola, a su vez, a una mayor penetración de renovables intermitentes más baratas.

Consumo 2: Amoniaco

El sector del amoniaco en la UE produce aproximadamente 11 millones de toneladas de NH3 al año en unas 50 plantas. El resto, hasta los 20 millones de toneladas, lo debe importar del extranjero. Para sustituir esta cantidad por amoniaco verde producido en Europa, necesitaríamos 1.9 millones de toneladas de hidrógeno al año. Si consideramos una planta de amoniaco tipo[43], que produce anualmente 897 mil toneladas de amoniaco verde al año, podemos decir que necesitamos unos 11 TWh de generación renovable para alimentarla. Haciendo números, podríamos reemplazar totalmente el amoniaco gris producido en Europa por verde mediante 134 TWh de generación anual renovable.

Consumo 3: Acero

Europa produce unos 152 millones de toneladas de acero al año en unas 500 plantas siderúrgicas distribuidas entre sus países miembros, pero especialmente concentradas en Alemania. Para sustituir este acero por acero verde mediante el sistema descrito en el Bloque 1 necesitaríamos unos 60 kg de hidrógeno por tonelada de acero. Esto nos da que serían necesarias aproximadamente 9.12 millones de toneladas de hidrógeno al año. Si hemos dicho que necesitamos alrededor de 11 TWh para producir unas 168 mil toneladas de hidrógeno al año,

---

[43] Aproximadamente 3 300 toneladas por día de producción de amoniaco.

entonces tendremos que, para sustituir totalmente el acero gris por el acero verde, harán falta 597 TWh de energía renovable al año.

Consumo 4: Combustibles

El consumo total de gasolina en Europa para transporte —vehículos pesados y ligeros— es de aproximadamente 66 millones de toneladas al año. Sabemos que se necesitan 0.1904 kg de hidrógeno para producir un kilogramo de metanol y que se necesitan 1.96 kg de metanol para producir un litro de gasolina. Por otro lado, también sabemos que son necesarios 11 TWh para generar 168 mil toneladas de hidrógeno, por lo que finalmente, si queremos sustituir 66 millones de toneladas de gasolina, necesitaremos unos 30.8 millones de toneladas de hidrógeno y unos 1992 TWh de energía renovable. Suponiendo que el aumento significativo del precio del combustible reducirá la demanda y que muchos productos encontrarán otras vías de transporte más eficiente y electrificado como el tren, podemos marcar un objetivo de descarbonización del 50 %, lo que supondría la necesidad de 996 TWh anuales de energía renovable.

Consumo 5: Cemento

Actualmente, sabemos que se requieren unos 3.5 MJ de energía por cada kilogramo de clínker producido. Teniendo en cuenta que el *Low Heating Value* (LHV) del hidrógeno es de aproximadamente 142 MJ por kilogramo, necesitamos 24.64 kg de hidrógeno por cada tonelada de clínker a producir.

El clínker es aproximadamente un 75 % del cemento total y en Europa se necesitan anualmente unos 146 millones de toneladas. Haciendo números, de nuevo, podemos determinar que para una total descarbonización se necesitarían 3.6 millones de toneladas de hidrógeno; es decir, unos 212 TWh de energía renovable.

	Generación renovable (en TWh)	Consumo renovable (en TWh)	Porcentaje de producción verde
Termosolar	1 637		
Eólica	179		
Fotovoltaica	415		

	Generación renovable (en TWh)	Consumo renovable (en TWh)	Porcentaje de producción verde
Electricidad		305	73%
Amoniaco		134	100%
Acero		597	100%
Combustibles		996	50%
Cemento		212	100%
Total	2 231	2 244	85%

BLOQUE 2
LA CARA ECONÓMICA
Y POLÍTICA

Capítulo V. La cara económica y política del problema

Después de haber explorado el punto de vista científico y técnico, me atrevo a pensar que la pregunta principal que muchos se estarán haciendo es: ¿Qué impacto tendrán estas transiciones energéticas sobre nuestra economía y sobre nuestra forma de vida?

Tal como explicamos anteriormente, esta es una pregunta que muy pocos se atreven a responder de manera honesta. «Según la Comisión Europea, las inversiones en energía en la UE deberán alcanzar 396 mil millones de euros al año entre 2021 y 2030 y entre 520 y 575 mil millones de euros al año en las décadas siguientes hasta 2050. [...] La mayor parte del gasto energético de la UE se canaliza a través del Programa de Recuperación y Mecanismo de Resiliencia, fondos de la política de cohesión, Fondo de Modernización y varios otros».[44]

Lo que nos viene a decir es que, en palabras de la propia Comisión Europea la «profunda transformación en el camino hacia una economía neta cero» será real solo a base de ayudas europeas. Fin de la cita. No hay referencias a ningún ajuste en los mercados, a esfuerzos por

---

[44]   Ministerio de la Transformación Ecológica y el Reto Demográfico. *Plan Nacional Integrado de Energía y Clima (PNIEC)*.

parte de los ciudadanos, a posibles implicaciones en el mercado laboral o a cambios en patrones de consumo. Cualquier transición energética o necesidad de cambio recogida en la Agenda 2030 serán cambios inocuos para el europeo de a pie.

Pero la realidad no es esa y ya veremos en los próximos capítulos cómo la Unión Europea legisla y contralegisla intentando mantener un pulso a la realidad de los mercados: ser verde es ser menos competitivo en el mundo globalizado actual y esto es una realidad de la que no podemos escapar. Europa ha perdido un 20 % de su capacidad industrial en porcentaje respecto al PIB en las últimas décadas y casi un 30 % de trabajos en este sector[45]. En esa misma línea, no es de extrañar que si quitáramos a los países de Europa del Este de la ecuación, la vieja Europa ha sido testigo de cómo sus salarios se han visto prácticamente congelados durante las últimas décadas[46]. Y esto es solo un reflejo de la desaceleración en la productividad de trabajo en toda Europa. Según una muy interesante ponencia de Mario Draghi de hace unos años, «en ausencia de cambios —si la producción por trabajador, el desempleo estructural y la participación laboral se mantienen en los niveles actuales— el envejecimiento de la población resultará en una marcada caída de la producción per cápita. Utilizando las proyecciones de población de la OCDE, la disminución de la producción per cápita para 2050 sería del 14 % en Alemania, del 16 % en Italia y del 22 % en España. Si bien es muy poco probable que este escenario se materialice, muestra que las tasas actuales de crecimiento de la productividad apenas son suficientes para compensar el lastre demográfico sobre el ingreso per cápita»[47].

---

[45] Datos de *The World Bank*.

[46] International Labour Organization (ILO). *Global Wage Report 2020-21: Factsheet for the European Union:* https://www.ilo.org/global/topics/wages/publications/WCMS_793483/lang--en/index.htm

[47] *The productivity challenge for Europe*. Lectio magistralis by Mario Draghi, President of the ECB marking the 100th anniversary of the Deusto Business School, Madrid, 30 November 2016: https://www.ecb.europa.eu/press/key/date/2016/html/sp161130_1.en.html

En definitiva, nuestra postura climática junto con otros factores intrínsecos propios de la vieja Europa están lastrando nuestras economías de una manera que no percibimos directamente, pero que a oleadas van poco a poco mermando nuestro sistema de bienestar y la calidad de nuestros empleos.

En lo que se refiere al presente libro, y respecto a la alternativa expuesta en el bloque anterior, intentaré desgranar dentro de mis capacidades algunas indicaciones sobre su posible impacto económico. Sin duda, es necesaria una firme apuesta hacia esa transición que permita descarbonizarnos de manera efectiva, pero debemos presentar una imagen nítida y realista sobre qué objetivos exactos buscamos alcanzar y, sobre todo, qué costes deberemos asumir.

Pero no nos precipitemos, ya nos adentraremos en este y en otros puntos económicos más adelante. Antes de esto, al igual que hicimos respecto a la cara técnica y científica, debemos explorar un poco la historia económica y política respecto al tema que nos ocupa y analizar las acciones que Occidente ha ido liderando hasta la fecha. De esta manera podremos entender mejor a dónde vamos y quizás proponer mejoras a la senda actual.

Haciendo una recapitulación histórica de ciertas acciones políticas, habría que retrotraernos al primer acuerdo climático de la ONU en 1992, donde Europa y Occidente iniciaron una hoja de ruta de conferencias climáticas, comúnmente conocidas como Conferencias de las Partes (COP) de la Convención Marco de las Naciones Unidas sobre Cambio Climático (CMNUCC), un espacio donde los Gobiernos del mundo acuerdan políticas que intenten limitar o reducir el aumento de la temperatura global del planeta.

En general, estas conferencias suelen saldarse con rotundos fracasos —salvo quizás las de Kioto (1997) o París (2015)— debido a las muy altas expectativas que siempre generan y a la dificultad real de que países que atraviesan divergentes situaciones económicas se pongan de acuerdo. A todo esto, se suma que los políticos y cargos electos que allí se reúnen, saben muy bien las potenciales respuestas que sus ciudadanos tienen ante compromisos que afecten su bienestar económico. En Occidente, por ejemplo, los dirigentes conocen perfectamente el malestar de sus ciudadanos ante una subida de precios generalizada por la inflación o por cada céntimo de subida en el precio de la gasolina. Es por ello que estas cumbres son un duro ejercicio de equilibrio político para reconciliar las propias contradicciones del votante. Por un lado, el ciudadano está profundamente preocupado por el cambio climático, pero por otro está igualmente preocupado por aquellos cambios que empeoren su nivel de vida o reduzcan la calidad de los servicios públicos que disfruta. Como con el Brexit o muchas otras decisiones políticas, los ciudadanos carecen de la formación necesaria, pero sobre todo de los detalles y los números para afrontar una realidad compleja y así tomar decisiones razonadas. Nadie ha brindado a la ciudadanía información al respecto de los sacrificios que reportan los compromisos climáticos que se negocian, pues esto no da rédito político.

Además, tenemos que añadir que, dentro de los cinco países más contaminantes del mundo, el primero, el tercero y el cuarto —China, India y Rusia— no son democráticos o, como mínimo, cuentan con estándares muy bajos al respecto. Sus dirigentes no tienen la presión de ser reelectos tras acudir a las diferentes COP. China es un régimen comunista que practica el capitalismo de Estado y que no tiene demasiado respeto por las condiciones de vida de sus ciudadanos. India, al menos en términos formales, no es una democracia, pues su sociedad está vertebrada por un sistema de castas que cimenta una profunda desigualdad entre ciudadanos. Y Rusia, sin mucha discusión, es un sistema autócrata y personalista.

El resto de los países, muchos de ellos en vías de desarrollo, están más preocupados en seguir creciendo en los mismos dígitos que por adoptar soluciones reales que mermen el devenir de su economía. El posible acercamiento de cualquiera de ellos a alguna senda de descarbonización ocurre cuando, por el hecho de ser fabricantes de ciertos componentes, creen que pueden sacar beneficio del compromiso adquirido.

Y es que los países emergentes, que ahora se agrupan en el famoso BRICS forman una asociación que disputa y desafía el actual liderazgo del G7. El BRICS está conformado por Brasil, Rusia, India, China y Sudáfrica y sus emisiones no han hecho más que aumentar en la última década. Solo China, en lo que llevamos de siglo XXI y en su corta industrialización, acumula más emisiones que toda la Unión Europea junta desde 1750.

Este panorama representa un clásico juego de bienes públicos en el que los países se benefician de los sacrificios del resto y sufren con los propios, de manera que tienen incentivos para ser egoístas y dejar que todos los demás se sacrifiquen. El resultado de esta «tragedia de los comunes» es que, como bien indica el nombre, todos acaban sufriendo. Una tragedia antigua como el ser humano que abordaremos con algo más de profundidad en el siguiente capítulo.

Capítulo VI.
La economía y la política
sobre las causas

El funcionamiento del libre mercado, por el cual tanto vendedores como compradores fijan los precios (ley de la oferta y la demanda) no suele considerar un factor fundamental: la interacción con el medioambiente. Al no existir un mercado explícito que regule estos bienes ambientales, generalmente los costes no son tenidos en cuenta. Pero la ciencia económica sí identifica un concepto muy importante para el tema que aquí tratamos: la «externalidad». Una externalidad es el coste o beneficio que se deriva del consumo o producción que llevan a cabo los individuos o empresas, y cuyo valor no se refleja en el mercado. Por ejemplo, ¿qué sucede cuando una persona adquiere un automóvil que emite gran cantidad de gases? Es evidente que la adquisición de este coche no generará solo un coste para quien lo compra, sino también para otras personas, porque los gases emitidos generarán una contaminación extra que causará posibles problemas o enfermedades. Por el contrario, si una compañía decide comprar un terreno y dedicarse al negocio de la reforestación de árboles, las personas que viven cerca de este lugar van a beneficiarse no solo porque el aire va a estar más puro sino también porque embellecerá la zona. Estos efectos extraordinarios son las mencionadas «externalidades». Una externalidad negativa impone un costo y una externalidad positiva crea un beneficio; sin embargo, su existencia implica una asignación de recursos productivos ineficiente, pues no son contabilizados por el libre mercado.

Algunos economistas empezaron a tratar el tema de las externalidades en el siglo pasado. Autores como F. H. Knight[48] , A. Marshall o Arthur C. Pigou abrieron el camino para su estudio, un camino que han seguido importantes y célebres economistas como Elinor Ostrom, autora del famoso *El Gobierno de los Bienes Comunes* (1990), que no es sino una síntesis de todas las investigaciones internacionales sobre el tema hasta la fecha. Para Ostrom hay dos opciones de atajar el problema de los recursos comunes: privatizándolos o encargando al Estado su control por el interés común. Según esta politóloga estadounidense, a lo largo de la historia ninguna de las dos alternativas para el «cuidado» de los recursos naturales ha resultado exitosa. Ni el Estado ha sido capaz de controlar la actuación de los individuos, ni el entorno privado ha sabido escapar por sí solo del interés propio y de la sobreexplotación del bien común. Así, pues, Ostrom interrelaciona tres conceptos fundamentales desarrollados por otros investigadores y que ayudan a explicar la problemática del uso de los recursos naturales. Estos son la tragedia de los comunes, el dilema del prisionero y la lógica de acción colectiva.

La tragedia de los bienes comunes

El concepto de «tragedia de los bienes comunes» ya era conocido por Aristóteles. En su obra *Política*[49] mencionaba que: «Lo que es común para la mayoría es de hecho objeto del menor cuidado. Todo el mundo piensa principalmente en sí mismo, raras veces en el interés común». Cada individuo persigue su propio interés y utiliza el recurso

---

[48] Knight, F. H. *Some Fallacies in the Interpretation of Social Cost.* En *The Quarterly Journal of Economics*, Vol. 38, Issue 4, Agosto, 1924: https://academic.oup.com/qje/article-abstract/38/4/582/1903574?redirectedFrom=fulltext

[49] Libro II, cap. 3.

siempre y cuando le reporte beneficio. Este comportamiento se extrapola a todos los individuos que hacen uso de dicho bien cuando está al alcance de todos. Cada usuario ignora o desdeña el perjuicio que puede acarrear el uso individual al resto de la sociedad. En 1833, el economista inglés William Forster Lloyd publicó un folleto que incluía un ejemplo hipotético del uso excesivo de un recurso común. Su parábola trata de varios campesinos que tenían unos terrenos de pasto comunes. El granjero que añadía una vaca adquiría ventaja respecto al resto de granjeros de su localidad, pero también provocaba la explotación excesiva del pasto. Y es que, el mundo biológico está lleno de ejemplos similares en los que individuos que actúan en beneficio del grupo salen perdiendo en la lucha por la subsistencia con otros individuos que sí actúan en interés propio.

Un ejemplo clásico se encuentra en las sociedades de insectos, como las abejas y las hormigas. En estas colonias, las obreras a menudo realizan tareas en beneficio de la colonia, como la recolección de alimentos o la defensa del nido, sin reproducirse ellas mismas. Este comportamiento altruista se puede explicar por la «teoría de selección de parentesco», que sugiere que las obreras comparten genes comunes con la reina y, por lo tanto, ayudar a criar a la descendencia de la reina es indirectamente beneficioso para sus propios genes. Sin embargo, en algunos casos, individuos egoístas o «tramposos» pueden explotar este comportamiento altruista. Por ejemplo, en las colonias de abejas se han observado abejas obreras que a veces ponen huevos sin tener la función de reinas, lo que podría considerarse un comportamiento egoísta e ineficiente para el grupo.

En 1968, el ecologista Garrett Hardin exploró este comportamiento y el dilema social que suponía en su artículo «*The Tragedy of the Commons*»[50], publicado en la revista *Science*. Hardin se centró en el crecimiento de la población humana, el uso de los recursos naturales de la Tierra y el estado de bienestar. Argumentó que, si los individuos

---

[50] https://pages.mtu.edu/~asmayer/rural_sustain/governance/Hardin%201968.pdf

dependían solo de sí mismos y no de la relación con la sociedad, entonces el número de hijos por familia sería una decisión puramente privada y los padres que se reprodujesen en exceso o irresponsablemente no podrían mantener adecuadamente a su descendencia, con lo cual se alcanzaría un equilibrio. En consecuencia, Hardin culpó al estado de bienestar y a la protección social de permitir una sobrepoblación humana y la sobreexplotación del medio. Gracias a su reflexión introdujo el término «común» (*commons*, en inglés) en la ciencia moderna para siempre y abrió el debate sobre los recursos o bienes comunes.

El dilema del prisionero

Este dilema está enmarcado dentro de la teoría de juegos estáticos dónde los jugadores desconocen lo que han hecho los demás y disponen de información completa al conocer las consecuencias de cada jugada. Este tipo de juegos se representan mostrando un conjunto de jugadores (en este caso dos), un conjunto de estrategias (callar o confesar) y una función de pagos. El dilema del prisionero está relacionado con la teoría de la subasta de Vickrey-Clarke_Groves y el equilibrio de Nash y se enuncia de la siguiente manera: las autoridades tienen que investigar un caso en el que hay dos personas implicadas, dichas personas son llevadas a comisaría y serán interrogadas por separado. Cada preso tiene dos opciones: confesar o no confesar. Si ninguno de los dos confiesa, la pena será leve; si ambos confiesan, serán encarcelados por cometer una pena grave, aunque con ciertos atenuantes. Sin embargo, si uno confiesa y el otro no, entonces el confeso recibirá un tratamiento indulgente por ofrecer evidencia, mientras que el último será tratado con todo el rigor de la ley. Los jugadores tienen la información completa en cuanto al funcionamiento de este juego, pero no hay comunicación entre ellos. Los prisioneros son personas racionales, usarán la lógica para tomar su decisión.

La decisión que tomarán, según el dilema expuesto, será la de confesar, dado que así se minimiza su pena, sea cual sea la decisión del otro prisionero. Cada uno ha elegido su mejor estrategia individual, pero esto no es un óptimo de Pareto, puesto que, si ninguno confiesa, los dos mejoran puesto que cumplen solo un año de condena. Por lo tanto, la conclusión de este juego es que, ante un escenario de poca confianza, cada persona toma las decisiones que son mejor para sí mismo, en lugar de cooperar y tomar decisiones que son mejores para el grupo. Las personas, aun siendo racionales, toman decisiones individuales que conducen a resultados comunes irracionales. Y esto, aplicado a la calidad de la atmósfera, se plasma en que cada persona o cada país consume de manera individualista y hace uso de los recursos mirando por su propio interés, lo cual da lugar a una degradación del medioambiente. Si hubiese algún mecanismo que propiciase la cooperación y la confianza, ambos podrían afrontar el coste de reducir el uso del recurso (limitar las emisiones contaminantes) a cambio de un mayor beneficio, en forma de una mejor calidad de la atmósfera (menor concentración de CO_2 y calentamiento global) para todos.

La lógica de acción colectiva

El tercer concepto fundamental para entender la problemática de los recursos compartidos fue introducido por el economista Mancur Olson que en su obra *The Logic of Colective Action: Public Goods and the Theory of Groups*[51] quiso hacer un estudio sobre el bienestar común y el bienestar individual. Su trabajo explica que, aunque un grupo sea integrado por individuos con intereses comunes y parezca lógico pensar que actuarán para favorecer esos intereses, la realidad es que las personas racionales pueden actuar de manera diferente. Olson apunta que esta situación se da cuando no se puede excluir a un individuo del beneficio colectivo, aun no habiendo actuado a favor de conseguirlo. Bajo estas circunstancias surge la figura del «gorrón» (*free-rider*), que no aporta nada para lograr el interés colectivo y deja que los demás hagan el esfuerzo para conseguirlo.

Esta idea la podemos aplicar a la calidad de la atmósfera, dado que es uno de los intereses comunes de la humanidad. Todos tenemos el

---

[51] https://www.jstor.org/stable/j.ctvjsf3ts

interés común de conservar la atmósfera, para lo cual se debería actuar con la idea de reducir las emisiones de gases de efecto invernadero, pero esto no sucede debido al incentivo que tiene cada individuo para actuar como un gorrón. Así, mucha gente se mantiene pasiva al respecto de los intereses comunes, esperando aprovecharse de quienes sí se preocupan. Cada nuevo gorrón aumenta la carga del «concienciado» y, en consecuencia, aumenta la posibilidad de que este se convierta en un nuevo gorrón, con lo que se genera un bucle que termina en la no consecución del objetivo común.

El medio ambiente y los fallos del mercado

Una vez vistos los tres conceptos fundamentales recogidos por Ostrom, podemos entender mejor las razones conductuales y psicológicas que explican los fallos de mercado que origina el recurso ambiental. Porque el primer teorema fundamental de la teoría del bienestar social establece que el mercado, en ausencia de externalidades, es capaz de llegar al máximo bienestar de la sociedad. El mercado es el organismo que se encarga de asignar los recursos económicos para el bien común, es el lugar teórico en el cual los productores u ofertantes intercambian bienes y servicios con los compradores o demandantes a cambio de dinero. Para llegar al precio de mercado, tanto unos como otros han interactuado de acuerdo con la capacidad productiva y tecnología utilizada por los productores, así como con los gustos y preferencias de los consumidores. En el equilibrio se produce una asignación eficiente de los recursos, por lo que es un óptimo de Pareto: los individuos están satisfechos con la transacción y no es posible encontrar otra asignación que beneficie a un individuo sin perjudicar al resto. En conclusión, el mercado es capaz de conseguir el óptimo social; es decir, maximizar el beneficio colectivo social. El problema surge cuando un mercado incumple ciertas premisas que suscitan una asignación ineficiente de los recursos y, por ende, se originan «fallos de mercado». Existen tres condiciones que por sí solas producen esta situación: cuando la información no es perfecta, cuando existen monopolios o cuando el mercado es incompleto; es decir, los derechos de propiedad no están definidos. Dos de estas tres condiciones se dan en la cuestión de las externalidades ambientales:

1. La contaminación que se produce por decisiones de producción o de consumo no es claramente conocida por los individuos, por lo que la información relacionada con el mercado no es perfecta.

2. El mercado es incompleto. Los bienes ambientales no tienen un propietario concreto, puesto que son comunes: el agua, el aire, el sol o la atmósfera están al alcance de todos los individuos. En general, es difícil definir los derechos de propiedad de los bienes ambientales ya que se caracterizan por no ser rivales ni excluyentes. La no rivalidad implica que un individuo que haga uso de estos recursos no disminuye la cantidad disponible para otros. Y no excluyente significa que es muy complicado, prácticamente imposible, prohibir el uso de estos recursos a un individuo o grupo de individuos; por ejemplo, el sol, el aire o el agua.

Capítulo VII.
La actual solución política

Mercado de emisiones y dumping chino

Ya analizada la teoría sobre los bienes comunes y la problemática ambiental, nos enfocaremos en las acciones prácticas que se están realizando hoy en día en el mundo y en particular en Europa. Los compromisos climáticos y las sucesivas conferencias COP han servido para generar un marco regulatorio mundial de intercambio de créditos de emisiones de carbono entre países. Un marco similar ha sido también establecido por la Unión Europea dentro de sus fronteras con la implantación del Régimen de comercio de derechos de emisión (RCDE UE)[52] o *Europe Trading System* (ETS). En Europa, la RCDE UE pone unos límites que se expresan en derechos de emisión y en donde, cada derecho, permite emitir una tonelada de CO_2eq (dióxido de carbono equivalente). Cada año las empresas deben entregar suficientes derechos de emisión con el objeto de tener plenamente balanceadas sus emisiones; de lo contrario, se les imponen fuertes multas. Las empresas compran principalmente derechos de emisión en el mercado de carbono de la UE, pero también pueden recibir algunos de forma gratuita por parte

---

[52] https://climate.ec.europa.eu/eu-action/eu-emissions-trading-system-eu-ets_es

de los Estados. Las empresas también pueden intercambiar derechos de emisión entre sí según sea necesario y pueden conservar los derechos para otros años o venderlos.

Finalmente, todas estas acciones se traducen en una reducción de emisiones en los países que las implementan, pero igualmente un aumento similar en los que no. En otras palabras, la industria y manufactura necesitada de energía barata simplemente migra a países con sistemas regulatorios más laxos, que poco a poco se enriquecen y se hacen cada vez más geopolíticamente influyentes, como en el caso de los países BRICS. Así, poco a poco los países occidentales van perdiendo capacidad de influencia y ciertos países emergentes, menos democráticos y concienciados en el problema ambiental, van tomando el relevo.

Y es que los planes que velan por una competencia justa entre los países a la hora de producir bajo un sistema regulatorio ambiental homogéneo fracasan año tras año. A este fallo se le llama «dumping» o salto consciente de regulaciones que buscan alcanzar una competencia justa entre estados. Por ejemplo, en el 2012 la Unión Europea detectó algo muy evidente por todos: China estaba inundando el mercado fotovoltaico con paneles muy por debajo del precio de mercado aprovechando una energía —procedente del carbón— barata para la fabricación y una inyección de capital estatal sin precedentes. Para evitar este desajuste, la UE intentó lanzar una «ley de antidumping» con la que se gravaban los paneles solares chinos con un 47.6 % de arancel. Pero en un mundo globalizado, estas medidas son ineficientes y los productos chinos llegaron igualmente a Europa por medio de terceros países. Así, la UE, gran precursora y desarrolladora de energía fotovoltaica a finales del siglo XX, ahora en el 2024 posee menos del 0.2 % de la capacidad mundial de producción de paneles[53] y debe comprar más del 78 % de todos los componentes para la fabricación de energía solar a China. Los estadounidenses, que lucharon contra el gigante

---

[53] Servicio de Estudios del Parlamento Europeo (EPRS): https://www.europarl. europa.eu/at-your-service/es/stay-informed/research-and-analysis

asiático con sus mismas armas —aprobaron la Ley de Reducción de la Inflación (IRA, por sus siglas en inglés) que suponía una inyección fiscal a la fabricación nacional —han tenido algo más de suerte—, aunque con un «éxito» bastante limitado.

En definitiva, Europa ha ido legislando y penalizando las emisiones de efecto invernadero con este sistema de RCDE UE, pero a la vez añadiendo nuevas capas de legislación cuando peligraban puestos de trabajo o se detectaba competencia desleal. Otro ejemplo de los bandazos legislativos que se producen hoy en día en Europa es el caso de la fabricación de acero. Las acerías europeas soportan teóricamente unos costes adicionales en derechos de emisión que las hacen ser poco competitivas. En consecuencia, la UE detectó que, si no se tomaban medidas adicionales, esto podía originar una «fuga de carbono»; es decir, un aumento de las importaciones de acero que no gravara por sus emisiones de CO_2 y, por lo tanto, fuera más barato. Una de las medidas adoptadas para evitar esta fuga fue la asignación gratuita de derechos de emisión a industrias que consumen mucha energía, como la siderúrgica. Las asignaciones se basan en puntos de referencia, pero estos son igualmente exigentes y están basados en el desempeño del 10 % de las instalaciones más eficientes de la UE, lo cual originan a la vez unos costos en derechos de emisión de aproximadamente 20 millones de euros por millón de toneladas de acero producidos al año.

Pero aquí no acaba la historia. Tras ver que las empresas siderúrgicas seguían migrando a otros países de legislación más laxa, la comisión europea propuso otra medida destinada a intervenir en el mercado de industrias intensivas en energía. El Mecanismo de Ajuste en Frontera de Carbono[54] (CBAM, por sus siglas en inglés), otro galimatías burocrático, tiene como objetivo imponer tarifas sobre el contenido de carbono de los bienes importados a la UE, similar a las tasas aplicadas a los productos nacionales, para proporcionar igualdad de condiciones entre productores. Si los importadores pueden probar que ya se ha

---

[54] https://www.europarl.europa.eu/RegData/etudes/ATAG/2022/729462/EPRS_ATA(2022)729462_ES.pdf

pagado un impuesto al carbono durante la producción de los bienes importados, el precio puede ser reducido.

Esta nueva ley intenta cuadrar el círculo, pero en la práctica sigue dificultando la transición del sector siderúrgico hacia soluciones bajas en carbono. Y es que, aunque supuestamente ahora proteja a los fabricantes de acero de competencia desleal, por otro lado, se empiezan a eliminar gradualmente esos mismos derechos de emisión gratuitos que se les había asignado inicialmente a la industria siderúrgica, a fin de evitar una doble protección, con lo cual se vuelve a la casilla de salida por enésima vez. Al final, esto va minando la industria automovilística y naval europea que, al igual que el sector siderúrgico, está luchando por sobrevivir con unos reducidos márgenes de beneficio frente a constructores asiáticos. Y no es un tema nacionalista o proteccionista, los números son claros al respecto, un estudio del Laboratorio Nacional de la Universidad de Berkeley[55] demostró que la industria siderúrgica de China emite en promedio un 23 % más de dióxido de carbono por tonelada de acero producido que las fábricas estadounidenses y alemanas.

Creo que hay una lógica básica que debemos asumir y es que si imponemos medidas ambientales contra la industria europea nos debilitaremos frente a competidores que no lo hacen. Esto no es malo *per se*, no sugiero que este no deba ser el camino que seguir, pero debemos aceptar las consecuencias, a menudo funestas para nuestro nivel de vida. Si asumimos el peso de descarbonizarnos, debemos asumir el peso de empobrecernos y perder puestos de trabajo de gran valor añadido. No podemos legislar para una cosa y luego contralegislar para evitar las consecuencias naturales de la primera legislación.

Al final, la eterna contradicción occidental favorece el fracaso institucional de organismos internacionales que pretenden marcar una hoja de ruta para todos los países. La falta de claridad —pocos políticos pueden enfrentarse a exponer el problema ambiental con sinceridad a la población— sobre un tema tan expuesto mediáticamente en todos

---

[55] Ali Hasanbeigi, Marlene Arens, Jose Carlos Rojas Cardenas, Lynn Price, Ryan Triolo. *Comparison of Carbon Dioxide Emissions Intensity of Steel Production in China, Germany.* ELSEVIER Resources, Conserving and Recycling Volume 113, Pages 127-139.

los planos de nuestra vida alimenta la llamada «ecoansiedad», especialmente en los más jóvenes e impulsa esa percepción conspiracionista de que existen una suerte de poderes fácticos y empresariales que nos impiden cambiar a un mundo renovable y sostenible. La utopía de un «nuevo» mundo donde todos vivamos prácticamente igual que hasta ahora, con las mismas prestaciones sociales y bienestar, pero sin contaminar nuestro medio ambiente es, en mi opinión, un engaño que nadie está dispuesto a desmontar por su evidente impopularidad.

Esta falta de aceptación de la realidad económica y política sobre el cambio climático abre el camino a discursos populistas que simplifican el problema desde el lado progresista (decrecimiento) o conservador (negacionismo neoliberal). Respecto al negacionismo neoliberal, ya hemos visto que aun aceptando que el CO_2 no es un contaminante y que existe un elevado grado de incertidumbre en los modelos climáticos, es más que evidente que la ciencia es bastante unánime sobre el peligro que tenemos por delante a resolver y que es de imperiosa necesidad la toma de medidas globales. En el lado del decrecimiento me detendré pues esta propuesta necesita algo más de contexto e historia para abordarla con garantías. Es una propuesta que incide en nuestras emociones e intuiciones más básicas (¿por qué no vivir con menos?), que despierta cierta aceptación y simpatía inicial pero que, también en mi opinión, es difícil encontrar un encaje mínimamente argumentado en un contexto capitalista, o incluso más aún, comunista.

Decrecimiento

El decrecimiento fue alumbrado por el economista francés Serge Latouche y nació como contraposición a la ortodoxia económica que defendía un desarrollo económico infinito y la idea basada en el crecimiento como fuente de empleo. Es decir, el decrecimiento estima que crecer de manera infinita en un mundo finito es absurdo y que la humanidad se está obcecando en solucionar un problema ambiental que realmente no tiene solución.

Cuando leí a Antonio Turiel, a Carlos Taibo y finalmente a Serge Latouche entendí rápidamente que estaba ante una nueva corriente «maltusiana» que, desautorizada en el siglo XX, volvía ahora con fuerza, especialmente por el problema climático que apremia a la humanidad. Así, pues, hablando de maltusianismo, primero debemos referirnos a Thomas Robert Malthus, economista y demógrafo inglés que vivió entre 1766 y 1834 y que nos es conocido principalmente por su obra *Ensayo sobre el principio de la población*[56] en el que plantea que el crecimiento de la población humana tiende a superar la capacidad de la Tierra para proporcionar recursos suficientes. Malthus argumentó que la población crece en progresión geométrica (1, 2, 4, 8, 16...) mientras que la producción de alimentos crece en progresión aritmética (1, 2, 3, 4, 5...), lo que llevaría inevitablemente a la escasez y al hambre. Según él, los desequilibrios entre la población y los recursos conducirían a eventos como la guerra, el hambre y las enfermedades, y estos actuarían como mecanismos de control de la población. Su teoría provocó un debate considerable y generó opiniones divergentes. Algunos lo consideraban un pesimista exagerado, mientras que otros reconocían la importancia de sus argumentos. Malthus influyó en economistas posteriores como David Ricardo y John Stuart Mill, y su teoría tuvo un impacto duradero en el pensamiento económico y en el estudio de la demografía. Pero a lo largo de las siguientes décadas, el progreso tecnológico y el desarrollo económico permitieron aumentar la producción de alimentos de manera más eficiente y mejorar las condiciones de vida en el mundo; ello hizo que sus teorías quedasen en el olvido hasta su recuperación por Latouche.

Ahora, los decrecentistas o nuevos maltusianos reivindican los mismos argumentos, existe un aparente agotamiento de ideas y nuevas tecnologías por lo que no debemos esperar un enésimo salto en eficiencia y productividad para producir más con menos. Por ello proponen una enmienda a la totalidad del sistema capitalista, que, según

---

[56] https://www.bioeticawiki.com/Ensayo_sobre_el_principio_de_la_poblaci%-C3%B3n

su punto de vista, se sustenta en un crecimiento perpetuo carente de todo sentido a largo plazo.

En lo personal, estoy plenamente a favor del estoicismo y la austeridad, pero tengo claro que es una valoración que cada uno debe hacer. Lo que para mí puede ser austero para otros puede ser un despilfarro y al revés. En ese sentido, no creo en férreas imposiciones ni en la retórica moralista. Volver a estilos de vida pasados con el fin de reducir nuestra huella de carbono puede ser efectivo, pero también suena a melancolía reaccionaria contraria al progreso. ¿Volvemos al siglo XIX con sus lámparas de aceite de ballena? Gracias a los avances de la civilización cambiamos los fluidos animales por petróleo para finalmente alumbrarnos con bombillas eléctricas salvando en el camino la vida a miles de ballenas y contaminando órdenes de magnitud menos. El decrecimiento y sus defensores caen a menudo en la tentación de adoctrinar, pero sin proponer soluciones detalladas de cómo podemos decrecer sin destruir una economía actual basada en el crecimiento. Es siempre la expectativa de mejora lo que mueve el dinero y agita la inversión, la generación de empleo y el bienestar. Es difícil ver un mundo basado en el emprendimiento que viva en continua recesión y que no nos lleve por defecto a una espiral destructiva. Los equilibrios suelen ser inestables y la simple orden de «vivir solo un poco peor» para el bien de todos parece estéticamente bello, pero es un complicado mantra de trasladar a la realidad.

Y es que muchas veces los activistas plantean recetas de manera arbitraria sin base ni experiencia. Por ejemplo, la pura y simple redistribución de riqueza entre países pobres y ricos bajo la premisa de que seguirán cultivando sus tierras sin fertilizantes nitrogenados o que mágicamente usarán solo energías renovables. La experiencia nos dice que estos países, que viven en unas condiciones tan poco desarrolladas y donde la corrupción es una lacra, tendrán otra visión del progreso diferente a la que les intentamos vender. Un ejemplo claro es lo que ocurrió con Botsuana y Burundi que, en 1962[57], eran países que apenas emitían

---

[57] Our World in Data. *Earth Day's Anti-Humanism in One Graph and Two Tables*

dióxido de carbono y tenían una renta per cápita anual pareja (apenas unos 70 dólares). Resulta que para el 2010, Botsuana se había desarrollado y ahora sus habitantes ganaban 7.650 dólares anuales, pero sus emisiones habían aumentado —oh, gran sorpresa— casi noventa veces más, mientras que los desafortunados burundeses aún seguían siendo extremadamente «ecológicos» y, claro, extremadamente pobres.

En mi quizás superficial acercamiento a esta teoría —solo he podido leer tres libros al respecto— hay muchas preguntas que no he podido responder y que, desde mi perspectiva, son fundamentales para entender su implementación en un entorno puramente capitalista como el actual: ¿Cómo seguimos incentivando la inversión si estamos fijando un decrecimiento y por tanto una bajada de las rentabilidades del capital a futuro? ¿Quién va a invertir su capital en una sociedad dispuesta a decrecer y reducir la rentabilidad de activos en pro de un fin superior? Lo lógico es que individuos con dinero en el bolsillo lo guarden y simplemente inviertan a la baja en los mercados de valores, manteniendo posiciones en corto a la espera de que el nuevo escenario decrecentista se plasme en los parqués. A todo esto, se suma la crítica y argumentación en contra de los más reputados economistas tanto de izquierdas, como Branko Milanovic o Paul Krugman, como de liberales, como Juan Ramón Rallo.

Tras el primer concepto planteado por Latouche, ahora llegan nuevas olas de pensadores que, ante la complejidad de instaurar medidas reales y decrecentistas en el capitalismo, buscan salidas dentro del marco teórico del comunismo. Esta nueva corriente cada vez tiene más adeptos, a pesar de las normales reticencias de los marxistas tradicionalistas. Recientemente salió un libro muy notable y de gran aceptación que relaciona a Marx con el decrecimiento ecológico: *El capital en la era del Antropoceno*, de Kohei Saito. Saito ya gozaba de fama en los círculos académicos marxistas gracias a su tesis doctoral en la Universidad Humboldt de Berlín, en la que demostró la atención de Marx por los problemas ecológicos. Tras algunos años de espera, su libro, que ha vendido más de un millón de copias, está más adaptado al público generalista y expone brillantemente los límites de algunas de las soluciones convencionales, como el «crecimiento verde». Saito define, no sin controversia, los objetivos de desarrollo sostenible de la ONU como el «opio del pueblo», pues en su opinión posponen las urgentes intervenciones necesarias bajo la ilusión de medidas que no solucionarán nada. El autor también describe algunos temas clave, por ejemplo, la «paradoja de Jevons»; es decir, cómo un mejor desempeño de la producción tiende a aumentar la carga ambiental con el tiempo; o la «paradoja de Lauderdale»; es decir, que la riqueza privada se basa en el robo de la riqueza pública y, por lo tanto, sitúa como tema central la cuestión de la externalización de los costos sociales y ambientales en el capitalismo.

Finalmente, en su libro lanza una propuesta de decrecimiento dentro del comunismo y critica algunas posiciones que gozan, más o menos, de un importante consenso dentro de la izquierda actual, como el Green New Deal. No tengo la capacidad para rebatir las tesis de Saito al completo, pero sí creo poseer un mínimo conocimiento marxista para discrepar abiertamente sobre que se pueda diseccionar y separar como dos entes totalmente diferentes al Marx de la juventud y al de la madurez. Marx evoluciona, sí, pero tiene una cierta homogeneidad, sobre todo gracias a Engels. El joven Marx, el del *Manifiesto*, el que propone claramente un materialismo histórico como determinismo, defiende que el concepto de fuerzas productivas se asocia inequívocamente al determinismo tecnológico y, por tanto, al productivismo. Sus tesis de juventud son continuadas en la madurez y ahondan en que la historia está marcada por las condiciones materiales y las fuerzas productivas, lo cual, en mi opinión, es totalmente incompatible con el decrecimiento ecologista.

Saito es posiblemente otro defensor del decrecimiento que no ofrece una visión definida de esta opción ecologista, simplemente nos trae como novedad una nueva afirmación, con la que sí estoy de acuerdo, y es que el decrecimiento y el capitalismo son incompatibles. La solución pasa por desterrar el capitalismo de mercado, olvidarse de cualquier keyneisanismo medioambiental (Green New Deal) y alumbrar un nuevo mundo comunista, estoico y ecoresiliente (que se olvide de procesos industriales, como el Haber-Bosch, para fertilizar los campos). Para ello, Saito simplemente se apoya en la amalgama de textos tardíos del Marx más mayor, ese que se involucró en nuevas tareas más «hippies», aprendió ruso y escribió sus famosas cartas sobre la comuna rural rusa. Obviamente, existió un Marx viejo, en el sentido de sus últimos años de su vida, pero esa inflexión de Marx es sobre todo metodológica y no sustancial a su marco teórico. Entre el Marx joven y el viejo lo único que existe es una acentuación del ángulo «historicista», desmintiendo cualquier interpretación teleológica que nos ahorre el trabajo de la revolución para la clase trabajadora.

De nuevo, si el decrecimiento es incompatible con el capitalismo y también —en mi opinión y la de muchos marxistas— con el comunismo, habrá que preguntarse qué base político-económica sustenta la bella idea del decrecimiento. Quizás llegue algo nuevo y entonces lo celebraré como el que más, no lo duden un instante, pero hasta entonces nos debemos ceñir a la realidad que tenemos y que nos condiciona.

Capítulo VIII.
La alternativa: reformas públicas e impuestos pigouvianos

El deterioro ambiental como externalidad

Poco a poco vamos entendiendo el grado de complejidad que el problema ambiental posee en términos económicos y políticos. El exceso de emisiones de dióxido de carbono no es sino el abuso y la sobreexplotación que hacemos entre todos de un recurso común que es el medio ambiente. Este recurso está asociado a los pilares productivos que han hecho avanzar la humanidad, pero, al no ser ni excluyente ni rival, no tiene una propiedad efectiva y genera fallos de mercado en nuestro sistema capitalista.

Hasta ahora hemos visto cómo se ha intentado atajar este problema políticamente hablando y el poco éxito conseguido. Sin embargo, hay más opciones que podemos explorar y que consisten en poner un precio a las emisiones que generamos de manera planetaria y global. William Nordhaus, economista y reconocido con el premio Nobel junto a Paul Romer, en 2018, por su investigación relativa al cambio climático, abordaron una forma alternativa de afrontar las externalidades. Nordhaus es autor de varias obras relacionadas con el crecimiento económico y el cambio climático[58], y aborda la idea de una economía sostenible mediante la medición del bienestar. Según él, la disyuntiva entre crecimiento económico y lucha contra el cambio climático es falsa y la forma más sencilla de luchar contra este es mediante un impuesto a cada bien y servicio proporcional a su contenido de CO_2. El impuesto significa que todos pagan su parte del daño ambiental, al tiempo que enfrentan poderosos incentivos para innovar y operar de manera más limpia y eficiente. Ofreció estimaciones que muestran que, para limitar el calentamiento global a 2 °C, el impuesto al carbono debería ser de unos 45 dólares por tonelada de CO_2 emitida.

Pero este impuesto no es algo nuevo, podríamos decir que es solo una cuantificación razonada y creíble de unos impuestos que la ciencia económica ya había identificado como necesarios para compensar las llamadas externalidades. El principal problema de estos «impuestos pigouvianos» (llamados así en honor a su creador, el economista inglés Arthur Cecil Pigou) no es principalmente su cuantificación (el trabajo de Nordhaus) sino su aplicación en individuos o empresas, debido a la complejidad social y económica que hemos estado desgranando hasta ahora al respecto de los bienes comunes.

Impuestos pigouvianos

Como hemos mencionado, Arthur Cecil Pigou fue el primero en proponer que se enfrentaran las externalidades mediante impuestos; es decir, costos. Para Pigou, el «costo privado de producción» es aquel que recae en el productor de un bien, mientras que el «costo marginal privado (CM)» es el que conlleva producir una unidad más de un bien o servicio. Por su parte, un «costo externo de producción» es el que no recae en el productor, pero sí en otros. El «costo marginal externo» surge de producir una unidad más de un bien o servicio que cae en otros que no son el productor. Finalmente, el «costo marginal social (CMS)» es el costo marginal incurrido por la sociedad entera

---

[58] Nordhaus, W. D., Tobin, J. *Is Growth Obsolete?* Yale University, 1972.

y es la suma del costo marginal privado y el costo marginal externo (CMS = CM + costo marginal externo).

Ya hemos visto que, por sí misma, la economía de libre mercado normalmente genera un nivel de contaminación ineficientemente alto, porque los contaminadores no tienen incentivos para tener en cuenta los costes que impone a otros. Según el teorema de Coase, el sector privado por sí solo, a veces, puede resolver estas externalidades por medio de su internalización, pero cuando los costes son demasiado altos puede estar justificada la acción del Gobierno. Y es que el Gobierno puede establecer un impuesto igual al costo marginal externo. El efecto del impuesto es lograr que el costo marginal privado más el impuesto sea igual al costo marginal social (CM + impuesto = CMS) y así la externalidad quede reflejada en las transacciones comerciales y no se produzcan fallos de mercado.

Es difícil cuantificar exactamente este impuesto pigouviano, aunque ya tenemos algunas primeras aproximaciones en Nordhaus, a pesar de que para algunos expertos esta cuantificación fuera optimista; es decir, minusvalorara el efecto negativo del cambio climático en la economía. Tomando las bases de Nordhaus y Pigou, mi propuesta en este capítulo será penalizar, vía impuestos, todos los productos por defecto teniendo en cuenta para el cálculo las emisiones de CO_2 de los métodos productivos más contaminantes que se conocen de manera general para la fabricación y el transporte de dicho producto (vía gris). Es decir, tomaríamos como referencia de partida las emisiones del acero gris generado a través del coque y su transporte desde China hasta el comprador en Europa, sin importar cuáles sean sus emisiones reales. Sería, pues, responsabilidad del fabricante buscar certificadores autorizados por el comprador (en Occidente) que validen los procesos productivos y de transporte (desde Oriente) para que cuantifiquen sus emisiones reales y así el nuevo impuesto quedara ajustado. Con esto, la carga de la prueba queda en el acusado y no en el acusador, y serían los productores y no los consumidores quienes se enfrentasen al problema de demostrar cuáles son sus emisiones a lo largo de los procesos productivos y el transporte. En otras palabras, eliminaríamos la primera causa que genera fallos de mercado respecto al problema ambiental: la falta de información sobre las emisiones.

En relación con la cuantificación del impuesto, me inclino por un impuesto que genere prácticamente paridad de precio de venta entre el producto medioambientalmente neutro (cemento verde, gasolina verde, etc.) y el producto contaminante (gris). Debería existir una paridad en función del precio medio esperado a corto plazo para ese bien o servicio «verde» bajo ciertas asunciones de futuro (tasa de descuento) y ciertas mejoras tecnológicas por venir (*learning rates* o tasas de aprendizaje). Es decir, no sería una paridad automática en el presente (muchas tecnologías verdes están aún en fase de desarrollo y deben tener camino por delante a optimizar), pero supondría un fuerte empujón a toda la economía verde. Además, solventaría la segunda causa que vimos que genera fallos de mercado, los derechos de propiedad del recurso común, que ahora estarían incluidos automáticamente en el producto por medio de la actualización del coste marginal social.

Respecto al balance comercial, los impuestos pigouvianos no serían simples aranceles a los productos que vengan fuera de Occidente, sino más bien un impuesto a cualquier producto, independientemente de su lugar de procedencia y solo en función de su impacto ambiental. No hay, pues, componente nacionalista o proteccionista en la implementación de dicho impuesto, aunque es evidente que afectaría de partida a productos importados que son más económicos, a veces simplemente por disponer de energía barata no renovable y por disfrutar de un entorno más laxo en legislación ambiental. Situación que, por ejemplo, pasa a diario con las frutas de Marruecos o las verduras de Egipto, que entran en Europa sin arancel ninguno cuando sus procesos productivos y de certificación son órdenes de magnitud menores que los requeridos en Europa. No es un asunto nacionalista o identitario, sino una cuestión de justicia y equidad ambiental.

Como ya hemos comentado, el consumidor final tiene aún mucho poder en el panorama geopolítico actual, pero no está ni organizado ni tiene la información necesaria para tomar decisiones razonadas. Debemos comprender que el reto medioambiental no se encuentra tanto dentro de nuestras fronteras —donde hay una gran masa social ya concienciada sobre estos temas— sino fuera, donde el reto es educar y articular políticas válidas que obliguen — por el bien de todos— a cambiar los procesos productivos externalizados a Oriente. Si los productos externos —provenientes de Marruecos o Egipto, por ejemplo— son más competitivos por otros motivos que los estrictamente ambientales, los países productores no deberían tener miedo a este nuevo impuesto, pues seguirán siendo económicamente mejores que la competencia europea a la que también afecta.

La aplicación de estos impuestos pigouvianos produciría automáticamente un aumento de precios generalizados para casi todos los productos. Esto, como cualquier arancel, puede derivar en una contracción de la economía y en ineficiencia. Pero como la mayoría de los productos contaminantes provienen de fuera de Occidente, manteniendo el gasto en consumo, pero disminuyendo las cantidades compradas y reduciendo las importaciones —las externalidades favorecen la producción propia— el PIB occidental puede seguir creciendo o, como mínimo, mantenerse. Las externalidades reflejadas en impuestos pigouvianos favorecerían la compra de productos más duraderos sobre los más perecederos y la mejora en la calidad de los bienes revertiría en una percepción más positiva del producto, lo cual evitaría su rápido deterioro y abandono. Es decir, los costes de materiales y de producción de un Mercedes son mayores que los de un Citroën, pero la diferencia entre coste y precio de venta en el Mercedes es mayor, no solo por los costes en investigación e ingeniería del primero sino por la mejor percepción del producto que tiene el comprador y la voluntad de compra del consumidor.

El nuevo nivel de precios quedaría determinado por los nuevos productos verdes, los cuales mantendrían los pilares de nuestra civilización con procesos productivos no contaminantes, pero más caros, evidentemente. Es necesario remarcar que, por ejemplo, los combustibles sintéticos generados con hidrógeno verde son hasta cinco veces más caros que la gasolina actual y el precio de los fertilizantes verdes puede ser casi el doble, dependiendo del precio del gas natural que se tome como referencia. Lo mismo la energía termosolar, la cual puede ser casi el doble de cara que la fotovoltaica.

Hacer una predicción del nuevo nivel de precios es un ejercicio de ciencia ficción, pero tomando como referencia al Banco de España[59] podemos decir que un incremento del 10 % sobre el precio del crudo —el cual intentamos sustituir en todas sus facetas— eleva el IPC general en dos décimas. El Banco de España también afirma que los llamados «efectos de segunda vuelta» —la traslación del aumento de la inflación a precios y salarios—, son actualmente más limitados dadas las menores cláusulas de revisión salarial. En los modelos utilizados por el Banco de España también se observa que el efecto sobre el IPC es mayor cuanto mayor es el precio del petróleo. Asumiendo un escenario conservador en el que, al sustituir la gasolina convencional por sintética verde aumentáramos por un lado su coste un 400 %, pero por otro elimináramos los impuestos a la gasolina actuales (ahora al ser un producto íntegramente renovable no debería ser sancionado con impuestos) tendríamos una subida efectiva del 228 %, con repercusión final sobre el IPC del 4.56 % aproximadamente.

Respecto a la gran mayoría de productos importados que son parte de la cesta de la compra contemplada en el IPC, hay varios estudios que analizan la transmisión de shocks en los precios de importación de bienes no energéticos al IPC subyacente. Según estas estimaciones[60], ante un *shock* de 5 puntos porcentuales en el crecimiento de los precios de importación no energéticos, la tasa de variación del IPC subyacente

---

[59] Boscá, J. E., Doménech, R., Ferri, J., Ulloa, C. *Inflación importada y pacto de rentas*. En VozPópuli, España. 22 de septiembre de 2022: https://n9.cl/5v47w

[60] De Aldecoa Fuster, J. I., Servert Banegas, J. *El efecto de los precios de importación sobre la inflación en España*. En CaixaBank Research, 9 de febrero de 2023: https://www.caixabankresearch.com/es/economia-y-mercados/inflacion/efecto-precios-importacion-sobre-inflacion-espana

registraría un impacto al alza de 1.7 puntos porcentuales. Siendo conservadores, podemos hacer paralelismo entre el aumento del precio del acero importado (verde frente al gris) y el resto de los productos. Esto nos daría un aumento del 40 % en el precio general y un impacto del 13.6 % sobre el IPC subyacente.

Otro producto que afecta de manera importante al IPC son los fertilizantes, pues inciden directamente en los precios de los alimentos. Para evaluar la afectación de los precios de los alimentos por un nuevo precio de los fertilizantes y combustibles, solo hay que situarnos en el año 2022, donde el precio medio de los fertilizantes nitrogenados mediante reformado con gas se colocó por encima del producido mediante amoniaco verde (unos 800 dólares la tonelada). El impacto sobre el precio de los alimentos quedó registrado entorno al 10 %[61]. En España, el peso de la alimentación es del 34 %[62], por lo que una subida del precio de los alimentos del 10 % se trasladaría a un 3.4 % sobre el IPC total.

Respecto al precio de la luz, el peso de este consumo es del 47.6 en tanto por mil respecto al total de las compras de los españoles[63]. Aquí es más difícil cuantificar, pues para saber hasta qué nivel podríamos descarbonizar la red eléctrica de un país con energías renovables con almacenamiento, habría que elaborar un estudio detallado de estabilidad de red con un parque de energías renovables basados principalmente en la termosolar. Aventurándonos, la energía eléctrica; es decir, el precio de la luz en las casas de los ciudadanos podría experimentar una subida del 100 % en el precio de la luz. Teniendo en cuenta el peso de esta factura, podemos calcular una subida en el IPC del 4.76 %.

Así, pues, recapitulando, tendríamos una subida del 4.56 % en el IPC por el nuevo precio de la gasolina, una subida del 13.6 % por los

---

[61]   https://www.20minutos.es/noticia/5171566/0/inflacion-agosto-repunta-alimentos-siguen-mas-caros-hace-ano/

[62]   https://www.mapa.gob.es/es/alimentacion/temas/observatorio-cadena/Agrinfo_IPC_tcm30-128603.pdf

[63]   https://www.ine.es/dynInfo/Infografia/TreeMapTabla/treemap.html?peso85451=3_16466&t=25333&rows=85456&cri85457=684699&geo=85455&tipodato=85457

productos importados ahora verdes, un 3.4 % por los alimentos al usar amoniaco verde en la producción de fertilizantes y, finalmente, un 4.76 % por el nuevo precio verde de la luz. Esto nos daría una subida global del IPC del 26.32 %, que podríamos distribuir equitativamente a lo largo de los seis años que nos quedan hasta el 2030. Asumiendo esta hoja de ruta tendríamos una subida del IPC interanual adicional del 4.38 % en la economía.

Esto es una simple aproximación a muy alto nivel, pero sería importante que mejores y más detallados cálculos económicos informaran al ciudadano sobre los costes inherentes a cualquier descarbonización de nuestra economía. En este sentido, es fundamental que pongamos el foco sobre aquellos productos, cuyos precios no están marcados por los costes de producción, y sí por la especulación y falta de *stock*. Estos productos, dentro de los cuales se encuentra la vivienda, sufren una fuerte distorsión entre su precio y su valor, y en Occidente generan una ingente extracción de rentas a las familias. A continuación, los analizaremos mejor, así como su regulación, a modo de mitigar el impacto que cualquier proceso de descarbonización podría tener económicamente sobre los ciudadanos.

El reajuste del mercado inmobiliario

La vivienda es un bien básico para miles de millones de personas en Occidente, pero a la vez es probablemente el producto financiero o vehículo de inversión más conocido en el mundo. En España, por ejemplo, la vivienda es estadísticamente la mayor fuente de riqueza de sus ciudadanos, las propiedades inmobiliarias —entre las que también se incluyen garajes, oficinas o naves industriales— representan casi el 70 % del valor total de los activos que poseen los hogares[64]. Pero no todos se pueden permitir el acceso a esta forma de ahorro porque no todos pueden ahorrar.

---

[64] *Encuesta financiera de las familias (EFF) 2020: Métodos, resultados y cambios desde 2017.* Banco de España: https://www.bde.es/f/webbde/SES/Secciones/Publicaciones/InformesBoletinesRevistas/ArticulosAnaliticos/22/T3/Fich/be2203-art21.pdf

Veamos este dato: según el Consejo General del Notariado, el 70% de las compras de viviendas ya se realiza al contado, lo que refleja que no son precisamente los recién llegados al mercado laboral, que tienen pocos ahorros y necesitan financiación, los que más participan en estas compraventas, como solía ocurrir en los años ochenta o noventa.

En los últimos sesenta años hemos sufrido una abultada inflación inmobiliaria. Actualmente, en Sevilla, más concretamente en el barrio de Nervión, por poner un ejemplo muy específico, el precio de la vivienda es diez veces mayor que en 1981, a pesar de que los sueldos se igualan a las subidas del IPC. Esta inflación inmobiliaria ha generado que el trozo de la tarta de gastos que va a parar a la vivienda haya aumentado y el trozo para otras partidas como alimentación o servicios disminuido de manera paralela. Según los datos del Instituto Nacional de Estadística (INE) en la Encuesta de Presupuestos Familiares, hace 50 años el 48.66 % de los ingresos iban a nutrición: pan, leche huevos, carne, pollo. Hoy en día solo el 15 %. En vestido y calzado, las familias españolas se gastaban el 15 % de sus ingresos frente al 5 % actual. Y si ponemos la lupa en la vivienda, vemos ese cambio a la inversa antes mencionado: en 1966, exactamente, los españoles destinaban el 7.38 % de sus ingresos a la vivienda y ahora estamos entre el 27.45 % y el 50 % de los ingresos.

Hay múltiples factores que explican esta subida ingente en el coste de la vivienda. La globalización ha provocado la casi destrucción del sector primario y secundario en los países occidentales, y ha eliminado los contrapesos naturales que mitigaban la concentración de la población en grandes ciudades. Ante el abandono del campo y la desaparición de los grandes polos industriales, la población no ha tenido más remedio que pasar al sector terciario, concentrado principalmente en las grandes urbes, cuya capacidad de expansión y aumento de oferta puede ser limitada; un sector terciario que por su propia naturaleza exacerba las desigualdades salariales (engloba desde un consultor de 100 euros la hora a un camarero de 6 euros). También este crecimiento de este sector aumenta la cantidad de trabajos con un menor valor añadido, mayor volatilidad y peor remuneración.

Otro factor importante es la especulación. La falta de conocimientos financieros de la mayoría de la población, la aparente buena marcha del sector inmobiliario y el carácter de bien básico hace que la mayor parte de la capacidad de ahorro de los ciudadanos se concentre en estas inversiones de asegurado retorno y bajo riesgo. Este proceso ha generado década tras década burbujas alcistas y de especulación. Sin embargo, el gran factor que, según los expertos, ha originado esta subida de precios ha sido el exceso de capital en el sistema. Tanto individuos a títulos personal como grandes corporaciones no han encontrado una salida rápida y rentable de inversión a esos excedentes económicos generados por la acumulación de capital en las últimas décadas.

Los Estados, a través de sus bancos centrales, inundaron de liquidez las economías a través de tipos de interés nulos, elevada emisión de deuda y gasto público, sobrexcitando una inversión que no tenía canales para su salida. La consecuencia de esta dinámica ha sido la elevada concentración de capital en ciertos mercados seguros, como el inmobiliario, y la consecuente «financiarización» de la economía. La financiarización económica es una etapa del sistema capitalista en la que las ganancias se persiguen vía canales financieros y no a través de los relacionados con la producción y distribución. Esto deja a merced de los mercados financieros el devenir económico del país y contribuye a generar ciclos expansivos en forma de burbujas que finalmente estallan y arrastran consigo riqueza productiva, mismos que reconcentran el capital en cada proceso de reorganización. En este escenario, los particulares reducen su porfolio de venta de inmuebles (esperando su apreciación) y las grandes empresas reducen su producción a fin de mantener artificialmente elevados los precios como respuesta a su excesiva capacidad productiva, lo cual desemboca en un estancamiento económico[65].

Hay muchos artículos académicos que demuestran que el exceso de liquidez es una razón muy importante para el aumento de los precios

---

[65] Sweezy & Baran, *El capital monopolista: ensayo sobre el orden económico y social de Estados Unidos.* 1966

de la vivienda[66]. La emisión de dinero se filtra en el mercado interno y entra en el mercado de valores y en el sector inmobiliario. Estos flujos de liquidez hacia el mercado inmobiliario dan lugar a una demanda especulativa y al aumento de los precios como efecto final perceptible por el ciudadano. Y es que los Estados se lanzaron a los brazos de la teoría monetaria moderna de una manera quizás bastante irresponsable. Si nos atenemos a lo que algunos economistas ya apuntaban hace unos años, cuando el endeudamiento estatal supera el valor nominal de los activos tributarios y no tributarios, parece evidente que se producirá una subida generalizada de precios que restablecerá el equilibrio[67]. Aunque las monetizaciones estatales de activos no generan inmediatamente inflación, si los precios abonados son demasiado altos (precios de burbuja) entonces en el futuro sí terminará generándose inflación, a menos que, haya un aumento equivalente de las obligaciones tributarias de los ciudadanos. Es decir, la deuda pública acumulada por monetizaciones ingentes del Estado, ya sea por transferencias a ciudadanos (pensiones por ejemplo) o por la compra de activos tóxicos, suponen un coste que recae sobre las generaciones futuras.

Es un hecho que las personas mayores de 65 años aprovecharon una época de contención de precios inmobiliarios en los años setenta y ochenta para capitalizarse con poco esfuerzo. Bajo las diferentes olas de crecimiento económico y especulación han visto cómo sus inversiones se han revalorizado de manera excepcional. Actualmente, esto queda reflejado en un factor muy representativo y es el «esfuerzo económico» para la compra de vivienda. Este factor, que nos indica los años trabajados que son necesarios para que el ciudadano pueda pagarse una vivien-

---

[66] Pang, L. *Analysis of the Reasons for the Increase of Real Estate Price from the Perspective of Currency Liquidity*. En Proceedings of the 3rd International Conference on Culture, Education and Economic Development of Modern Society (ICCESE 2019), Atlantic Press: https://www.atlantis-press.com/proceedings/iccese-19/55916003

[67] Rallo, J. R. *Contra la Teoría Monetaria Moderna: Por qué imprimir dinero si genera inflación y por qué la deuda pública sí la pagan los ciudadanos*. Deusto, 2017.

da —eliminando el componente inflacional— se ha más que duplicado en las últimas décadas. En los años ochenta ese esfuerzo económico era de dos a tres años de salario, alcanzándose un pico de nueve años durante la burbuja inmobiliaria del 2008 y ahora situándose en «solo» siete años de salario. Este proceso ayuda, a su vez, a retroalimentar la desigualdad de rentas y de capital entre los jóvenes (arrendatarios) y nuestros mayores (arrendadores). Revertir esta situación es extremadamente complicado ya que prácticamente no se puede aumentar mucho la oferta de vivienda en zonas tensionadas ni tampoco restringir la demanda (la gente necesita vivir dónde haya trabajo).

Es totalmente cierto que la evidencia empírica no es positiva en lo que respecta a la intervención de precios de un producto en situaciones de libre mercado. No obstante, creo que para el caso del sector inmobiliario, este mercado podría definirse como un sistema coactivo y monopolístico. Ante un monopolio cierta limitación de precios de venta puede ser positiva. Mi propuesta sería que todos los inmuebles existentes fueran tasados a precio actual y su valor congelado para los próximos veinticinco años. Como es evidente, solo podrían escapar de esta medida los inmuebles que aún no hayan sido construidos, favoreciendo con ello obra nueva que pudiera marcar nuevos precios de mercado. Con esta medida todo inversor que hubiese comprado con intenciones especuladoras saldría del mercado dejando así espacio al comprador que quisiera habitarla o alquilarla, aumentado la oferta y bajando así sus precios. Además, todo el dinero acumulado en inversiones estancadas y poco productivas, como la inmobiliaria, saldría en busca de nuevos mercados más dinámicos. Con todo esto no se intentaría criminalizar la especulación, la cual es un tipo de inversión que también es necesaria para dar información al mercado sobre qué modelos de producción son más rentables y óptimos.

Es evidente que la vivienda es un bien de consumo que tiene un carácter esencialmente social, pero los altos precios inmobiliarios también afectan negativamente al crecimiento económico de un país. Ante la dificultad de ampliar la oferta de vivienda en las zonas tensionadas, nos encontramos que el mercado de la vivienda es más bien un mercado monopolista. Por ello, los beneficios extraordinarios del monopolista que derivan en precios artificialmente altos debido a la restricción artificial de la oferta, no son positivos ni desempeñan ninguna función de coordinación económica relevante, más allá de engrosar las cuentas del monopolista de turno. Muchos economistas hablan de que la legislación urbanística y las dotaciones públicas de suelo urbanizable están contingentadas y restringen la oferta generando una situación en la que el capital humano también se ve afectado. Más y mejores trabajadores significa mayor crecimiento económico. La calidad de los trabajadores depende de la inversión que esos trabajadores efectúan en términos de capacitación y de educación, por ejemplo. Si un trabajador estudia más, si tiende a adquirir mayores y mejores conocimientos, será más productivo y capaz de generar más riqueza. Si un estudiante universitario quiere ir a vivir a trabajar a Madrid y tiene que pagar precios crecientes de la vivienda, su renta efectiva por trabajar allí se reduce y se la transfiere al propietario de una vivienda. Si una empresa quiere invertir en Madrid y necesita comprar un local comercial, parte de la rentabilidad que espera obtener esta empresa por invertir, producir bienes y servicios allí, va a engrosar las cuentas corrientes del vendedor que le ha transferido el local comercial. Precios altos de la vivienda reducen el rendimiento y la rentabilidad efectiva que consiguen los trabajadores por educarse y a los capitalistas por invertir. Por ejemplo, hace unos años el economista Enrico Moretti estimó que entre 1980 y el año 2000, el 25 % y todo lo que se conoce como el premio salarial; es decir, la remuneración extra que consigue un universitario por encima del trabajador no cualificado iba a parar a los propietarios de viviendas, como consecuencia de las subidas de precios que se habían vivido en EE. UU. durante esos años en los grandes núcleos de población.

En definitiva, la subida de los precios inmobiliarios ha propiciado una ineficiencia económica importante, así como una inequidad intergeneracional sin precedentes. Los economistas e investigadores Luis Bauluz y Timothy Meyer han estudiado lo ocurrido en Estados

Unidos desde los años cincuenta hasta la actualidad a través de los datos de la encuesta de finanzas del consumidor[68]. Tras este ingente trabajo para medir la evolución de la riqueza de la población en EE. UU., los autores del estudio apuntaron que la principal explicación de que la curva de inequidad intergeneracional sea cada vez más pronunciada, haciendo que los nacidos a partir de los años cuarenta hayan multiplicado su riqueza a lo largo de su vida mucho más y a mayor velocidad que otras generaciones, tiene que ver con la revalorización de los activos en las últimas cuatro décadas.

Esto se debe a que las rentas del capital pesan cada vez más respecto a las del trabajo por la galopante financiarización de la economía[69]. Un proceso que arrancó en Estados Unidos y el Reino Unido con las reformas de Ronald Reagan y Margaret Thatcher durante los ochenta y se consolidó globalmente bajo los principios del Consenso de Washington. Las generaciones que entonces accedieron a los productos financieros y a la vivienda en propiedad han visto cómo sus activos se han revalorizado de forma espectacular.

Paralelamente en España, los datos de la «Encuesta financiera de las familias» elaborada por el Banco de España apunta a hechos y causas similares. El economista Daniel Fuentes, director de Kreab Research, en una de sus publicaciones ahonda en las mismas circunstancias: «Una de las categorías que explican esta inusual concentración del capital [en los adultos mayores] son los activos financieros: su evolución desde 2002 ha sido más o menos plana en los hogares menores de 35 años, mientras que ha aumentado un 260 % en los hogares mayores de 75 años».

Dentro de este panorama internacional esta desigualdad es todavía más importante en España, donde los jubilados cobran el 86.5 % de su sueldo medio[70] cuando estaban en activo, el segundo

---

[68]   *The Wealth of Generations.*
[69]   Piketty, T. *El capital en el siglo XXI.* Fondo de Cultura Económica de España, 2014.
[70]   *Net Replacement Rate*

porcentaje más alto de la UE, después de Grecia[71] (en Noruega no se llega ni al 55%). Además, con la revalorización de la vivienda —el porcentaje de propietarios en ese grupo es altísimo—, este grupo social puede permitirse aumentar su consumo sin que deje de aumentar su riqueza.

El extraordinario ciclo alcista de los activos, que influye de manera crucial en las dificultades que tienen los más jóvenes para acceder a ellos, actúa como una suerte de juego de suma cero intergeneracional: lo que unos pierden, los otros lo ganan. Esto sucede por una razón muy sencilla: su cantidad resulta limitada. Una parte de la mayor riqueza relativa de los mayores viene dada, apuntan Bauluz y Meyer, por su transferencia, la cual se produce cuando estos venden sus activos, revalorizados desde que los adquirieron —la vivienda es el mejor ejemplo—, a las siguientes generaciones, que pagan mucho más por ellos y, por tanto, tienen que ahorrar un porcentaje de su renta mucho mayor de lo que sus predecesores tuvieron que ahorrar para conseguirlos.

En definitiva, los jóvenes están financiando con su ahorro obligado el alza de consumo y recapitalización de los mayores. Necesitamos reajustar esta inequidad intergeneracional y usar la vivienda como vehículo de solidaridad. Con la subida de los precios de los productos de consumo mediante impuestos pigouvianos, reduciremos la capacidad de gasto en vivienda de las familias y posiblemente se originará ese reajuste en el mercado inmobiliario, pero para ayudar a que esta transición sea lo más suave y justa posible, parece imprescindible no solo topar los precios a los niveles actuales sino articular una batería de medidas que ayuden en especial a los más jóvenes y a las familias. Una de las principales medidas que creo fundamental es la restructuración del sistema de pensiones y el uso de esos fondos a ayudas al trabajador que inicie el camino hacia patrones de consumo que descarbonicen nuestra economía.

---

[71] Informe de la Organización para la Cooperación y el Desarrollo Económicos (OCDE): https://data.oecd.org/pension/net-pension-replacement-rates.htm

Reforma del sistema público de pensiones

Según varios estudios[72], el grupo de edad que soporta el grueso del consumo y, por ende, del pago del Impuesto sobre el Valor Añadido (IVA) es el que comprende las edades entre los 35 y los 55 años. Además, el 85 % de los impuestos recaudados por el Estado proceden del Impuesto sobre la Renta de las Personas Física (IRPF), donde este grupo de edad es el que más aporta. Analizando las contrapartidas que reciben esta generación de trabajadores y familias —solo el 30 % del presupuesto sirve para pagar sanidad, educación y prestaciones sociales por desempleo—, podemos observar un claro desequilibrio contrario a la clase trabajadora en Occidente. Y es que el grueso del presupuesto de nuestro estado de bienestar (70 % del presupuesto) va a parar directamente al pago de nuestras pensiones y la deuda pública. Es decir, existe una generación —entre 35 y 55 años— que actualmente soporta el grueso de los ingresos públicos y que ni disfrutó del gasto que generó esa deuda ni tampoco disfrutará de las pensiones que igualmente sufraga.

Existe una injusticia inapelable en el sistema socialdemócrata actual auspiciado por una economía keynesiana piramidal que halló fundamento en la teoría monetaria moderna. Una teoría que empieza caerse a pedazos a medida que la masiva inyección de dinero de los bancos centrales ha acabado originando inflación y arrastrando los tipos de interés, multiplicando así el pago de intereses de los Estados. La propia izquierda keynesiana ha estado a punto de cargarse el mismo concepto de estado de bienestar que tanto costó conseguir durante el siglo XX. Un estado de bienestar fundamental, que es la seña de identidad de una Europa socialmente fuerte y que en encuentra fundamento en el famoso mantra de Marx de «cada cual según sus posibilidades a cada cual según sus necesidades»[73]. Esta frase, que muchos desconocen, es la base del pensamiento comunista y ha sobrevivido durante siglos hasta filtrarse silenciosamente en los procesos formativos de numerosas na-

---

[72] Consumer Expenditure Survey (CE): https://www.census.gov/programs-surveys/ce.html

[73] Marx, K. *Crítica del Programa de Gotha* (1875).

ciones durante la pasada era moderna. Joseph Stalin cambió «De cada uno según su capacidad» con «A cada uno según su trabajo» en la Constitución Soviética de 1936 y en la misma Constitución española podemos leer: «los poderes públicos mantendrán un régimen público de seguridad social para todos los ciudadanos, que garantice la asistencia y prestaciones sociales suficientes ante situaciones de necesidad». Una doctrina que, quizás muchos también desconozcan, pervive desde las primeras sociedades comunales o comunistas: los primeros cristianos. «A cada uno según sus necesidades» procede del Libro de los Hechos, donde se documentan las prácticas de las primeras comunidades cristianas en Jerusalén. En ese pasaje de la Biblia, los creyentes «estaban juntos y tenían todo en común», vendiendo sus posesiones y distribuyendo las ganancias entre la comunidad «a medida que cualquiera lo necesitara».

Pero si comparamos esta doctrina con su aplicación en el estado de bienestar actual, podemos observar que hay una discrepancia significativa: el individuo puede recibir del Estado ayuda sin estar en el lado de la necesidad. Colectivos enteros disfrutan de ayudas sociales sin comprobar primero cuál es su situación económica. Aquí es donde radica el error de conceptos que está destruyendo nuestra Seguridad Social: la equivocada idea de que la Seguridad Social es un sistema donde depositamos un dinero que luego tendremos derecho a reclamar. Y no debería ser así. Por medio de la extracción coactiva de nuestro esfuerzo, el Estado nos provee de un elenco de seguros que nos permiten tener una vida plena. Esos seguros articulan la potente y necesaria acción del Estado cuando estamos del lado de la necesidad; es decir, actúan como una especie de seguro de vida u hogar, que por mucho que hayamos aportado religiosamente nuestras mensualidades, nunca recuperaremos si nunca sufrimos una circunstancia adversa o nos encontramos en una situación de vulnerabilidad.

Así es como debería funcionar la Seguridad Social y ese es el reajuste que debemos realizar dentro del marco mental de la izquierda que defiende el sistema de bienestar actual. Un parado debe recibir la prestación de desempleo solo si no tiene medios económicos para afrontar la falta de ingresos, pero si tiene capital para sufragar sus gastos, no sería justo que reciba una compensación de otro trabajador que, por el contrario, quizás ni tenga capital ni capacidad de ahorro para generarlo. Esto nos lleva de manera análoga, al gran problema y origen del déficit estatal cronificado que sufren las sociedades modernas: el sistema de pensiones. Este sistema creo que debería funcionar no como un fondo de pensiones sino como un seguro de pensiones dentro del aparato estatal de la Seguridad Social. En el primer esquema, el ciudadano recupera siempre su inversión depositada en un fondo, pero en el segundo solo lo recupera si realmente lo necesita o sufre una circunstancia desfavorable (como un seguro de vida u hogar). En mi opinión, el sistema solo debería ayudar a quien lo necesita —el que no tenga capital ni ingresos para poder afrontar una vida digna y plena— y no al que simplemente haya aportado capital al mismo.

El hecho es que tenemos una generación de pensionistas y próximos pensionistas fuertemente capitalizados, a los que destinamos casi la mitad de nuestro esfuerzo impositivo (la mitad de los Presupuestos Generales del Estado se destina a pensiones). Gracias al cobro de estas pensiones, pueden permitirse trasvasar su capital e inmuebles de manera íntegra y no redistributiva a la siguiente generación perpetuando una suerte de caciquismo inmobiliario. Para el 2030 se espera que las transferencias por herencia suban hasta los 60 billones de dólares en todo el mundo[74], algo que algunos expertos llaman la Gran Transferencia (*The Great Wealth Transfer*). Como hemos comentado anteriormente, las generaciones posteriores al *baby boom* están soportando una deuda y unas pensiones que no disfrutaron —respecto a lo primero— ni disfrutarán en lo segundo. Porque, además de la revaloración de los activos inmobiliarios, según un estudio de Bank of America, esta Gran Transferencia se debe principalmente al aumento de la deuda pública, que pasó del 31 % del PIB al 120 % en este periodo, y al excelente rendimiento del Tesoro que había entonces

---

[74] *A Look at Wealth*. Coldwell Bank 2019

(un 12 %) y que ahora ya no existe (4,6 % en la actualidad)[75]. Según este estudio, solo las políticas del Estado engrosaron las cuentas de los *boomers* en 129 billones de dólares, de los que más de 30 billones de dólares provienen exclusivamente de la ingente emisión de deuda de los último 40 años[76].

Volviendo a España, podemos observar que hay más 8 millones de jubilados (el 89 % del total) que disponen de una vivienda en propiedad, lo que implica una bolsa aproximada de unos 630.000 millones de euros «invertidos» en vivienda. Es decir, que desde un punto de vista medio y redistributivo, los pensionistas podrían pagar perfectamente los 12.100 millones que las pensiones cuestan todos los años por medio de fondos propios. Sin embargo, los inmuebles son una forma de inversión con reducida liquidez que dificulta a los jubilados gestionar este capital con el fin de afrontar sus propias jubilaciones. En este sentido, considero que una solución podría ser que el Estado fuese adquiriendo partes de la nuda propiedad del inmueble del pensionista a medida que vayan pasando los años. Es decir, el pensionista, a cambio de recibir su pensión anualmente, iría cediendo parte de la propiedad de su casa al Estado, permaneciendo siempre como usufructuario de esta y manteniendo su residencia. Al final de la vida de la persona, el Estado tendría una parte o el total de la nuda propiedad de la vivienda y recibiría el pago de los herederos que quieran adquirir la vivienda o podría ejercer su capacidad de compra del total aumentando así el parque público de vivienda. Con una sola medida implementaríamos un sistema redistributivo en función de la necesidad (solo recibe la ayuda o pensión quien no tenga capital para mantenerse), aumentaríamos el parque de vivienda estatal e implementaríamos subrepticiamente un impuesto sobre las herencias.

---

[75] Hoffower, H., Berger, C. *The 'great wealth transfer' isn't $72 trillion but $129 trillion, BofA says—and the government gave most of it to baby boomer* . En *Fortune*, 8 de octubre de 2023: https://n9.cl/6vrcq3

[76] *What is the national debt?*. En *Fiscal Data*: https://fiscaldata.treasury.gov/americas-finance-guide/national-debt/

El impuesto sobre las herencias no es una medida que apoyen solo algunos economistas de izquierdas, como Piketty, sino que desde el plano del liberalismo más teórico grandes pensadores como John Rawls lo apoyaron al ir de la mano del concepto de «capitalismo meritocrático» liberal. En las propias palabras de Rawls se trata de la «dispersión de la propiedad, condición necesaria, al parecer, para mantener el valor equitativo de las iguales libertades»[77]. Diversos estudios consideran que la recepción hereditaria de riquezas es un factor importante de acumulación de capital en nuestras sociedades. De nuevo, Piketty destaca el papel preponderante que la herencia de riquezas ha adquirido en la última mitad del siglo XX. En su abordaje sobre Francia, el autor indica que la herencia representaba en 1970 menos del 50 % de la riqueza total, pero que en la actualidad la herencia está cobrando un importante protagonismo alcanzando más de un 70 % de ese total[78].

El socialismo sirve como contrapeso al capitalismo de mercado más crudo que suele tender a favorecer a aquellos que poseen capital, pues entiende acertadamente —al menos en teoría— que favorecer a aquellos que generan riqueza, crea aún más riqueza, algo que es beneficioso en términos globales para el conjunto sociedad. Por ello, el socialismo pierde su valor como contrapeso económico cuando se centra exclusivamente en la protección de personas y grupos sociales, no en función de la tenencia de capital sino en criterios puramente posmodernos, como son el género, la etnia o la orientación sexual, más propios del liberalismo y la lucha por los derechos civiles.

En lo que se refiere a este libro, creo que este impuesto a la herencia, o esta manera encubierta de generar una equidad intergeneracional, no es solo un tema de justicia social sino una manera efectiva de poder realizar la transición energética que todos necesitamos. Con el dinero que se ahorraría en pensiones podríamos ayudar al grueso de las familias occidentales a abandonar el consumo de miles de productos *low*

---

[77] Rawls, J. *A Theory of Justice* (Revised Edition). The Belknap Press of Harvard University, Cambridge, 1999.

[78] Piketty, T. *El capital en el siglo XXI*. Fondo de Cultura Económica de España, 2014.

cost tan perjudiciales para el medio ambiente y tan ineficientemente extractivos en recursos. Mediante incentivos fiscales, eliminación del IVA a productos verdes o simplemente mediante ayudas directas a las familias les facilitaríamos el tránsito a una gasolina, a una energía, a unos productos de consumo más caros, pero sin emisiones de efecto invernadero. No es una cuestión de ideología solo lo que nos ocupa, sino de necesidad climática.

Leyes antimonopolio reales

Para bien o para mal, el capitalismo es hoy en día el sistema que rige el destino de la mayoría de los países, incluidos países comunistas como China, que realmente aplican el llamado «capitalismo de Estado» dentro de sus fronteras. El capitalismo presenta un lado tenebroso y un lado luminoso cuyos defensores se remontan a Montesquieu, Adam Smith, Joseph Schumpeter, Friedrich Hayek o John Rawls. La idea general es que en las sociedades comerciales, el éxito y el beneficio dependen de agradar a los demás, ofreciéndoles productos o servicios que desean comprar o intercambiar. Esto genera una actitud amable y se extiende desde el ámbito de los negocios hasta las interacciones personales. El lado luminoso se fortalece con la mercantilización de la vida cotidiana, ya que, en las sociedades capitalistas desarrolladas, muchas de nuestras transacciones diarias tienen una motivación de beneficio económico. Aunque esto a veces puede vaciarlas de su significado tradicional, también nos impulsa a comportarnos con consideración y respeto hacia los demás. A medida que la esfera de las relaciones transaccionales se amplía, también lo hacen la esfera de la amabilidad, el compromiso y la conciencia de las preferencias e intereses de los demás.

Sin embargo, el capitalismo también tiene un lado tenebroso, como hemos comentado. Aunque el enfoque en el beneficio económico puede fomentar la competencia y la innovación, también puede conducir a prácticas injustas o explotadoras. La búsqueda del lucro puede llevar a la explotación laboral, a la desigualdad económica y a la concentración de poder en manos de unos pocos. Además, la mercantilización excesiva puede erosionar valores no comerciales y tener efectos negativos en la sociedad y el medio ambiente. La sociedad comercializada promueve la interdependencia entre las personas, ya que nuestros intereses individuales solo pueden ser satisfechos si también satisfacemos las necesidades de los demás. Un ejemplo es «el panadero» de Adam Smith, quien solo puede vender su pan si convence a su cliente de que su producto es el mejor. Esta dinámica nos hace ser corteses y conscientes de los demás. En las sociedades puramente comerciales, las jerarquías y distinciones entre las personas no se basan en criterios extraeconómicos, como el origen familiar o la pertenencia a un determinado orden social (aristocracia o casta), ni tampoco en el tipo de trabajo que se realiza. En cambio, la jerarquía en el capitalismo se basa exclusivamente en el éxito monetario, que teóricamente está al alcance de todos. Aunque en la práctica esto no siempre se cumple, en teoría no hay barreras para que aquellos que comenzaron en la parte más baja de la pirámide social logren enriquecerse para recibir el mismo respeto que aquellos que partieron de esos estratos más altos. Incluso, podrían recibir un mayor reconocimiento debido a las dificultades que superaron. El dinero actúa como un gran nivelador, y las sociedades comerciales ofrecen ejemplos destacados de este poder de equiparación.

La gradual igualación de oportunidades para personas de diferentes géneros, preferencias sexuales, razas y discapacidades ha permitido que aquellos que anteriormente estaban desfavorecidos logren alcanzar posiciones destacadas. Lo más importante es que estos individuos no llevan consigo el estigma de su posición desfavorecida anterior: una vez que se han vuelto ricos, son tan respetados como cualquier otro. Esto es especialmente evidente en Estados Unidos, donde se dice que la riqueza actúa como un «detergente» que «lava» todos los «pecados» anteriores. Cuando la jerarquía está determinada únicamente por la riqueza, naturalmente se induce a las personas a centrar su interés en la adquisición de esta. Como afirma Rawls: «el sistema social moldea los deseos y aspiraciones de sus ciudadanos, y también determina, en parte, la clase de personas que quieren ser, y la clase de personas que son».

La búsqueda sistemática y racional de la riqueza ha sido una característica fundamental del capitalismo, tal como Max Weber la definió. La riqueza se percibe, con razón, como un sustituto o requisito esencial para la felicidad. Adam Smith señaló en su obra *Teoría de los sentimientos morales* (1759) que esta búsqueda de la riqueza podría disolver las jerarquías no económicas entre las personas, pero también advirtió del riesgo de que esta búsqueda intensiva de la riqueza pueda llevar a comportamientos inmorales. Smith era perfectamente consciente de la teoría económica de Bernard Mandeville, resumida en la frase: «Vicios privados, beneficios públicos». Aquí es donde llegamos al lado oscuro de la cuestión. Bernard Mandeville se dio cuenta rápidamente de cuál era el rasgo distintivo de las nuevas sociedades comercializadas. El éxito dependía de fomentar el comportamiento egoísta y codicioso en los individuos, un comportamiento que se «suavizaba» y se ocultaba por la necesidad de agradar a los demás, pero que tendía a generar falsedad e hipocresía. La codicia y la hipocresía iban de la mano. Smith reconoció este peligro y temió que una interpretación tan literal del espíritu del capitalismo pudiera llevar a una corrupción moral o a la ambigüedad en cuanto a la forma de adquirir riqueza, algo que resultaba detestable para un filósofo moral como él. Por lo tanto, intentó condenar a Mandeville, aunque sin lograrlo; no solo porque carecía de buenos argumentos sino porque él mismo no creía en el fondo —y se nota al leer *La riqueza de las naciones* (1776)— que Mandelville estuviera equivocado.

En este lado siniestro, otro gran pensador como Marx, pensaba que la codicia era el producto de un «determinado desarrollo social»; era algo histórico, no natural. Esta codicia está inextricablemente unida a la existencia del dinero. Marx define la avidez de dinero como «hedonismo abstracto», pero, aunque critique la codicia, tampoco defiende la austeridad en términos globales, pues concibe los grandes proyectos del pueblo obrero alejados de ese término ascético. La austeridad, circunscrita al terreno individual o personal, está más relacionada con el liberalismo y principalmente con el protestantismo, el cual rechazaba en sus orígenes la ostentación y las conductas toscas que caracteriza-ban a las élites anteriores. El protestantismo vigilaba mucho la estética de las acciones y restringía el consumo de los privilegiados imponien-do límites a la cantidad de riqueza que se debía ostentar. Como ob-servaba John Maynard Keynes en *Las consecuencias económicas de la paz* (1919), el capitalista decimonónico y protestante de Gran Bretaña empleaba la mayor parte del excedente de su renta en inversión y no en consumo, y esto garantizaba una cierta aceptación y paz social por parte de pueblo, a diferencia de lo que pasó en Francia, China o Rusia.

Es decir, el capitalismo se sustenta en la paz social gracias a una re-distribución de la riqueza, a un cierto decoro en la ostentación y al interés en comportarse adecuadamente para vender nuestro produc-to o fuerza de trabajo. Pero en pleno siglo XXI nuestras acciones ya no están «monitorizadas» por las personas entre quienes vivimos. Las actividades comerciales inmorales del panadero de Adam Smith habrían sido observadas por sus vecinos, pero las de las personas que trabajan en un sitio y viven en otro totalmente distinto —un mundo en el que los compañeros de trabajo, los amigos y los vecinos no inte-ractúan nunca— no pueden se observadas. En su libro *Capital: The Eruption of Delhi* (2015), Rana Dasgupta cuenta la historia de un res-petable médico nacido en la India que vive en un barrio de clase media de Toronto, cuyos principales ingresos provienen de supervisar el robo de órganos entre los miserables habitantes de los barrios de chabolas que viven a miles de kilómetros de allí, en las inmediaciones de Delhi. El médico es considerado un destacado miembro de su comunidad, pues su entorno desconoce su forma de vida y es así como se produce la distorsión del capitalismo.

Externalizar la moral y basarse únicamente en la ley y en los res-ponsables de hacerla cumplir, significa que todos intentamos llegar al límite o engañar al sistema cuando sea posible. En este mundo tan in-terconectado, paradójicamente cada vez conocemos menos las acciones reales de nuestro entorno, de la empresa que nos emplea, de nuestro vecino y, a su vez, es igualmente más complicado que otros puedan valorar acertadamente nuestras acciones éticas o no. La externalización de servicios y la globalización han exacerbado esta ceguera, y por ello creo que es más necesario que las relaciones comerciales dentro del capitalismo sean lo más transparentes posibles. Esta transparencia se hace casi imposible a medida que el tamaño de las empresas aumenta y el grado de subcontratación se intensifica. El gigantismo empresarial, entendido como la concentración de múltiples sectores productivos en grandes grupos empresariales tiene importantes repercusiones negativas en el crecimiento económico. Este fenómeno nació con los «zaibatsu» japoneses antes de la Segunda Guerra Mundial y ahora, extendido por todo el mundo capitalista, origina los mismos problemas de cálculo económico ya identificados por Ludwig von Mises para las economías planificadas del socialismo de Estado.

Los grandes *holdings* empresariales se comportan como pequeños Estados comunistas debido a que las empresas subsidiarias del mismo *holding* terminan adquiriendo bienes y servicios intermedios las unas de las otras, lo que significa que estos intercambios son transferencias internas. Debido a la falta de información objetiva derivada de este tipo de transacciones que se dan fuera del mercado y, por tanto, a la imposibilidad de obtener precios reales, se genera una asignación irracional de recursos que a largo plazo aboca a la desaparición de dicho *holding*. Esto explicaría, entre otras cosas, que la esperanza media de estas corporaciones sea de entre 25 y 30 años, transcurridos los cuales son reemplazadas por otras empresas que seguirán el mismo proceso de creación, crecimiento y caída, devorando recursos materiales y financieros a su paso. Estas grandes corporaciones dan lugar a la aparición de funcionarios corporativos que desempeñan labores de supervisión, organización, control y vigilancia del trabajo, y que representan una importante carga económica, una suerte de *«managerial class»* que se ocupa de labores improductivas.

El gigantismo empresarial constituye un impedimento para el crecimiento y desarrollo económico en la medida en que este modelo empresarial está fuertemente unido al contexto de oligopolio del que surge. El

Estado, a través de múltiples procedimientos, mantiene artificialmente a estas empresas al establecer relaciones clientelares con ellas, lo que repercute en los principales indicadores económicos. Asimismo, para llamar la atención sobre la dimensión de las organizaciones, tal y como señalan algunos autores[79], vemos que cuando estas exceden una cierta escala, no solo se convierten en un lastre económico, sino que, además, destruyen recursos. A pesar de los aparentes beneficios que puedan dar a sus trabajadores o sus países de residencia fiscal (Google en EE. UU. o Deutsche Bank en Alemania), las famosas leyes antimonopolio (*antitrust laws*) ahora son más que nunca necesarias a fin de evitar este gigantismo empresarial y las formas monopolísticas que traen consigo. El tamaño de estas empresas impide que los mecanismos naturales de equilibrio del mercado se movilicen a tiempo antes de originar crisis monetarias, económicas o, en el caso que nos ocupa, ambientales.

Según un estudio del Climate Accountability Institute de EE. UU., el 35 % del total de dióxido de carbono y metano emitidos en todo el mundo desde 1965 se debe a veinte grandes *holdings* empresariales. Y no solo es un problema ambiental, el trabajo de Thomas Philippon publicado en 2019 demuestra que la principal razón del declive del crecimiento norteamericano es el debilitamiento de las leyes de competencia y la acumulación empresarial. En múltiples trabajos[80] se demuestra, de manera empírica, que el descenso del dinamismo de la economía norteamericana desde el 2000 se debe en gran medida a un incremento de la concentración industrial y al aumento de las diferencias entre empresas «líderes» y «rezagadas». La falta de convergencia entre ambas debido a un proteccionismo monopolístico encubierto de

---

[79] Kohr, Schumacher, Carson son algunos de los creadores originales de la *Colapsología*. Neologismo aparecido a principios del siglo XXI para agrupar a pensadores que prevén un colapso en la actual civilización industrial. Rachel Carson fue una bióloga marina que, a través de la publicación de *Primavera silenciosa* en 1962 y otros escritos, contribuyó a la puesta en marcha de la moderna conciencia ambiental y consiguió la prohibición del DDT.

[80] Ufuk Akcigit y Sina Ates. *What Happened to U.S. Business Dynamism?*. National Bureau of Economic Reseach2019

las primeras origina una reducción sustancial en la innovación en términos globales y con ello una reducción en el dinamismo económico.

Otro economista, como Richard Gilbert[81], nos alerta de que la política de competencia de Estados Unidos no impidió la aparición de empresas superestrellas que operan para adquirir o eliminar a sus competidores potenciales y desanimar la entrada de nuevas firmas. Sobre la base de esta observación, recomienda pasar de una política de competencia estática, en la que solo se valora qué grado de participación en el mercado que se alcanzará con la fusión de las entidades, a una política preventiva en la que se evalúe como esa potencial fusión puede desincentivar la inversión en investigación y desarrollo por parte de los competidores o simplemente amenazar a la libre competencia de ciertos mercados que están claramente marcados por la innovación.

Separación de poderes

Tenemos por delante un gran desafío como sociedad y eso requiere de medidas realistas y de expertos en cada una de las materias implicadas. Yo no soy quizás el más indicado para escribir este libro, en absoluto, pero no he encontrado en librerías ni en bibliotecas nada que ofrezca esa visión global y multifactorial del problema ambiental que yo demandaba. Parece evidente que las personas más formadas deben tomar el mando de la sociedad y asumir su responsabilidad. A menudo se justifica que la degradación política expulsa o repele a los más cualificados y competentes dentro de su especialidad y evita que puedan llegar a posiciones de responsabilidad. Es cierto que la ineptitud de nuestros dirigentes raya lo cómico, tenemos ministros de sanidad filósofos, embajadores en la ONU sin ningún tipo de formación académica, gestores de Correos sin experiencia en logística, historiadores que gestionan la red nacional de trenes y, así, un largo etcétera de ejemplos rocambolescos dentro de la política nacional e internacional. En mi opinión, aclaro, la

---

[81] Gilbert, R. *Innovation Matters: Competition Policy for the High-Technology Economy*. The MIT Press, 2020.

política siempre ha sido siempre así, más maquiavélica quizás en el siglo XXI que en el pasado, pero nada nuevo en el horizonte.

Entonces, ¿por qué soportamos este panorama?, ¿por qué construimos trenes que no caben por los túneles?, ¿por qué se redactan leyes inoperantes?, ¿por qué sufrimos gestiones tan negligentes en pandemias o no actuamos correctamente ante el cambio climático? Creo que, a parte de la obvia polarización política o la baja formación de los ciudadanos, las causas que podemos encontrar las tenemos en la reciente ley de la amnistía. No esbocen una sonrisa, pues hablo totalmente en serio. Esta reciente ley me conminó intelectualmente a rearmarme contra algo que intuía *a priori* negativo y contrario a cualquier principio democrático, pero que no tenía todos los argumentos para sostenerlo. Ese rearme intelectual me hizo leerme concienzudamente, por fuerza, a Montesquieu. Es aquí donde descubrí que no solo la amnistía era algo antidemocrático —a pesar de que pudiera estar decidido por el pueblo en consulta, que no era el caso— sino que además entendí que la creciente falta de separación de poderes del Estado era el principal problema de las democracias occidentales.

> *[...] no hay libertad, si la potencia de juzgar no está separada de la potencia legislativa y de la ejecutiva. Si estuviese unida a la potencia legislativa, el poder sobre la vida y la libertad de los ciudadanos sería arbitrario; debido a que el juez sería un legislador. Si se uniera a la potencia ejecutiva, el juez podría tener la fuerza de un opresor.*
>
> *Todo estaría perdido, si el mismo hombre, o el mismo cuerpo principal, ya sea de los nobles, o del pueblo, ejerciera estos tres poderes: el de hacer las leyes, el de ejecutar las resoluciones públicas, y el de juzgar los crímenes o las diferencias entre los particulares.*
>
> *[...] No es probable que tres poderes independientes y celosos se unan para traicionar los intereses del soberano [el pueblo]; y es sobre esta probabilidad moral que la seguridad del ciudadano se funda con respecto a la libertad civil y política. [...] para que no se pueda abusar de este [el poder], hace falta disponer las cosas de tal forma que el poder detenga al poder.*[82]

---

[82] *Montesquieu. El espíritu de las leyes*

La destrucción de la separación del Poder Ejecutivo y del Poder Judicial que supone la ley de la amnistía es una forma de desmantelar el equilibrio de poderes sobre el que se fundamenta la democracia, pero no afecta al problema que trata este libro. No obstante, esta conclusión me guio a descubrir que la nula separación entre el Legislativo y el Ejecutivo, esa que aceptamos y ya hemos interiorizado los ciudadanos, sí afecta sobremanera a la eficiencia y articulación de medidas contra el cambio climático. Montesquieu afirmaba que el poder ejecutivo puede ser incluso un rey o una sola persona; es decir, el «ejecutor» de las medidas del pueblo puede no ser un representante del pueblo electo. Tras leer *El espíritu de las leyes* (1784) se puede inferir claramente que Montesquieu ya intuía los problemas que surgirían en el caso de que el Poder Legislativo y el Poder Ejecutivo estuvieran unidos, tal como sucede en la práctica actualidad. Su idea era que, aunque el ciudadano pudiera elegir a sus representantes en el Poder Legislativo, los cargos del Ejecutivo podrían y, de hecho, deberían no ser elegidos directamente por el Legislativo. Esta situación endogámica entre políticos del Legislativo que se intercambian a dedo puestos dentro del Ejecutivo e instituciones públicas corrompe el espíritu de las ideas de Montesquieu.

Para evitar esta situación y hacer efectiva la separación de poderes, creo que deberían existir dos procesos electos diferentes. Unas elecciones legislativas, tal como sucede en la actualidad, donde los ciudadanos elijan por sufragio universal a sus representantes en la cámara nacional (Legislativo) y, por otro lado, otras elecciones para los órganos gubernamentales del Estado (Ejecutivo). En estas segundas y nuevas elecciones los ciudadanos elegirían de manera directa a cada miembro del Ejecutivo, de entre una lista de profesionales de renombrado prestigio que no tuvieran afiliación política alguna. Por supuesto, el Gobierno y todos los órganos de Gobierno asociados al Ejecutivo (Ministerios, SEPI, ADIF, AENA, Puertos del Estado, etc.) siempre estarían atados al mandato popular a través del Legislativo, pero los encargados de llevar al terreno práctico las directrices de este serían miembros de reconocida capacidad y en lo posible sin inclinaciones políticas.

Porque es menester reconocer que los políticos son necesarios, necesitamos acuerdos entre personas y partidos, necesitamos poner voluntades en común y eso muchas veces requiere —muy a nuestro pesar— de aventureros de la política, que con pocos escrúpulos y capacidad para engaño articulen acciones legislativas. Sin entrar en el terreno farragoso de la política, considero que podemos estar de acuerdo en que la capacidad de gestión y de pensamiento crítico de estos personajes dista mucho del mínimo aceptable para un Estado moderno y eficiente que pueda articular medidas contra el cambio climático. Diferenciar mediante estas dos elecciones independientes el Poder Legislativo del Ejecutivo permitiría a reconocidos profesionales llegar al Ejecutivo sin necesidad de filiación política y nos permitirá poner al frente de las políticas ambientales no a demagogos populistas de derecha o simples activistas repetidores de emblemas ecologistas de izquierda, sino a esos expertos que tanto necesitamos ahora.

Mejora del capital humano

No querría acabar este bloque sin recalcar la importancia que para mí tiene, tanto en la economía como en la democracia occidental, el capital humano. La falta de una adecuada formación, esa que conforma el capital humano no solo perjudica al propio individuo sino a la sociedad en múltiples facetas, como la de acrecentar la desigualdad económica. Según Branko Milanovic[83] existe una relación directa entre la desigualdad y la rentabilidad de la riqueza. Si la rentabilidad de la riqueza no es uniforme y es más alta para aquellos individuos que poseen más riqueza pues están más formados e interesados en la inversión bursátil, entonces el incremento de la desigualdad será aún mayor. Esta desigualdad se refleja en la disparidad en la distribución de la riqueza y los diferentes tipos de activos que poseen los ricos en comparación con el resto de la población. Branko menciona que, en Estados Unidos, aproximadamente el 20% de las familias en 2013

---

[83] Milanovic, B. *Capitalismo, nada más. El futuro del sistema que domina el mundo*. Taurus, 2020.

tenían una riqueza neta igual a cero o negativa. Mientras tanto, el 60% de las familias de clase media tenían la mayor parte de su patrimonio invertido en su vivienda, y sólo el 16% restante en fondos de pensiones. Esto indica que la riqueza de la clase media no está diversificada, ya que se concentra principalmente en la propiedad de vivienda, y además está fuertemente apalancada, lo que implica que gran parte de su riqueza bruta se basa en deudas. Esto perjudica al problema inmobiliario que queremos resolver e imposibilita al ciudadano afrontar las subidas de precios inherentes a una transición verde.

Una mayor formación económica y financiera reduce el miedo a la inversión. Si se tiene menos miedo al riesgo se puede invertir una parte porcentual mayor del ahorro, se buscará mejor asesoramiento y se obtendrán mejores retornos al capital invertido. La mejora del capital humano reduce la desigualdad económica, favorece la conciencia ambiental y capacita al ciudadano para comprender y poder aceptar políticas económicas complejas que solucionen los problemas antes identificados. Pero no solo debemos mejorar el capital humano, sino también deberíamos evitar en lo posible su concentración. La acumulación de este no solo sucede por herencia sino también por el emparejamiento selectivo de los individuos. Las corrientes identitarias, el extremismo político y la creciente desigualdad económica en Occidente generan una segregación invisible donde los grupos sociales funcionan como una entidad y son cada vez más cerrados y excluyentes. Por poner solo un ejemplo ilustrativo, recientes investigaciones han documentado un claro e importante incremento del predominio de la homogamia o el llamado emparejamiento selectivo[84]. Alrededor de un tercio del aumento de la desigualdad en Estados Unidos entre 1967 y 2007 puede explicarse por este emparejamiento selectivo[85], ya que cada vez más solamente nos relacionamos con individuos del mismo estrato social, político o económico, generalmente favorecido por un urbanis-

---

[84] Greenwood, Guner, Vadenbrpucke *Family Economics Writ Large*. Journal of Economic Literature (JEL), 2017.

[85] Koen Decanq, Philippe Van Kerm. *What Drives Inequality?* Research on Economic Inequality Volume 27

mo que delimita la sociedad por el grado de tenencia de capital (principalmente depositado y reflejado en la vivienda) y por sus ideas políticas (áreas urbanas generadas por filiaciones políticas homogéneas).

Una mezcla más transversal de la sociedad que distribuya el capital humano solo es posible aumentando los estándares mínimos de educación y luchando contra la segregación racial y política. En otras palabras, para distribuir mejor el capital humano, primero hay que mejorarlo sustancialmente, de manera que los mínimos sean niveles aceptados por todos los estamentos sociales.

Para seguir abordando este tema, consideremos «la transmisión intergeneracional», en el marco teórico de Becker y Tomes[86]. Gary Becker desarrolló la teoría del capital humano en 1964, en la que se refleja cómo la formación de los ciudadanos y, en particular, de los trabajadores afecta a la economía a través de la productividad de los individuos. Bajo estos modelos, el capital humano que amasa un niño no es más que la función de dos componentes: el capital humano heredado directamente de los padres y el capital humano adicional logrado en virtud de inversiones asumidas por los padres o por la sociedad en su conjunto. Desde este planteamiento, podemos equivocarnos y pensar que el componente heredado del capital humano tiene una base genético-natural. Becker y Tomes son claros: se refieren a todo aquello que nos transmiten nuestros padres sin necesidad de asumir inversiones adicionales de forma explícita. Hablamos, por ejemplo, de las amistades y contactos familiares, de las actitudes culturales y de otras fuentes de capital humano.

Que los descendientes de una familia acomodada tengan sus privilegios asegurados por la riqueza que amasaron sus padres no parece el patrón más justo de enriquecimiento. De hecho, este tipo de ventajas puede reducir la riqueza total de la sociedad, pues el nepotismo resulta en una mala distribución del talento a lo largo y ancho de la cadena

---

[86] Becker y Tomes, *Human Capital*. Ver también: Gary Becker y Nigel Tomes, *An Equilibrium Theory of the Distribution of Income and Intergenerational Mobility*, Journal of Political Economy 87 (1979), pp. 1.153-1.189

productiva. Por el contrario, si alguien hereda altas cotas de inteligencia, por la vía genética o por la vía del entorno en el que ha crecido, no parece injusto ni poco deseable que logre unos ingresos más altos.

Hacer esta distinción es importante, no solo porque nos ayuda a replantear la forma en que valoramos las desigualdades observadas, sino porque también permite responder de manera adecuada en el plano político. ¿Qué tipo de medidas son necesarias para reducir la desigualdad? Hay recetas más efectivas que otras, de modo que es preciso conocer las causas de las divergencias económicas. Si los ricos emplean sus recursos y contactos para blindar los privilegios de sus hijos y perjudicar al resto, entonces la reacción política debe evitar que esto suceda. Si la herencia que transmiten los ricos está más ligada al cultivo de la inteligencia, la salud y los buenos hábitos sociales, entonces la reacción política debe ser muy distinta, porque este tipo de transmisión de riqueza es necesario y, en vez de impedirlo, lo que debemos hacer es facilitar que también ocurra entre las familias de menor patrimonio. Bajo este escenario, a la política le toca mejorar la calidad de la educación, cultivar el bienestar familiar, mejorar la nutrición y la salud incluso desde la etapa prenatal, entre otras cuestiones.

Después de leer muchos de los libros de Piketty, incluso algunos que simplemente debaten sobre sus conclusiones[87], entiendo que su principal propuesta para combatir la desigualdad es un impuesto global a la riqueza. La teoría económica sugiere que este tipo de medidas reducirá el *stock* de capital a largo plazo, de modo que los salarios también terminarían resintiéndose. Piketty está dispuesto a renunciar a algunos bienes sociales con tal de reducir la desigualdad de renta y riqueza. Esa mirada según la cual la igualdad es intrínsecamente deseable no es precisamente universal entre políticos, académicos, intelectuales, etc., por lo que el economista francés plantea una visión demasiado cerrada de la desigualdad. Es frustrante ver que este gran pensador de la izquierda occidental centra sus propuestas en algo tan polémico y difícil de im-

---

[87] Bradford Delong, J., Boushey, H., Steinbaum, M. *Debatiendo con Piketty: La agenda para la economía y la desigualdad*. Deusto, 2018.

plementar como un impuesto global a la riqueza. Al fin y al cabo, hay otras muchas maneras de abordar esta cuestión sin generar polémica y dividir el espectro entre igualitaristas y no igualitaristas. La clave para articular un programa más inteligente pasa por depender menos de una filosofía política cerrada y buscar soluciones capaces de seducir a demócratas de muy distinto signo. Centrándonos en la tecnología de creación de capital humano, esta nos dice que no hay nada más importante que la educación básica. Los beneficios potenciales de lograr mejoras en este campo son significativos y pueden conducirnos a una economía más equitativa, pero también más eficiente.

La posibilidad de que las inversiones en educación básica marquen el nivel de ingresos a largo plazo empezó a generar debate en las décadas de los sesenta y setenta. Distintos programas educativos apostaron por ofrecer un refuerzo educativo especial destinado a niños de familias empobrecidas, muchas de ellas correspondientes a minorías étnicas. Años después, los estudios que midieron los resultados concluyeron importantes mejoras en indicadores muy dispares: tasa de abandono escolar, nivel de ingresos, participación en actividades criminales, indicadores de salud, etc. Aunque los programas eran costosos para el erario, los resultados arrojaban mejoras tan profundas que justificaban la necesidad de explorar este tipo de soluciones[88]. Es importante poner en valor aquellas experiencias, porque demuestran que los niños menos privilegiados pueden mejorar sustancialmente su vida cuando se invierte de forma adecuada en su desarrollo. Esto sugiere que la apuesta por el impulso formativo de nuestros hijos logra promover la equidad y la eficiencia con mucha más efectividad que otras reformas, como es el caso de las becas a los mejores estudiantes. Además, impulsar la edu-

---

[88] Sobre esta cuestión, ver: James Heckman, Seong Moon, Rodrigo Pinto, Peter Savelyev y Adam Yavitz, *The Rate of Return to the High / Scope Perry Pre-school Program*, Journal of Public Economics 94, núm. 1 y n. 2 (2010), pp. 114-128. Frances Campbell, Gabriella Conti, James Heckman, Seong Hyeok Moon, Rodrigo Pinto, Elizabeth Pungello y Yi Pan, *Early Childhood Investments Substantially Boost Adult Health,* Science 343 (2014), pp. 1478-1485

cación básica no es una propuesta política que genere confrontación y división, al contrario que las medidas fiscales que sugiere Piketty.

Por todo esto debemos poner en perspectiva cómo las políticas de gasto público e inclusión de un impuesto de herencias patrimoniales —en nuestro caso, inmobiliarias— tiene también el objeto de mejorar la igualdad intergeneracional, así como el capital humano de nuestros ciudadanos; en especial, de los jóvenes. Actualmente, el gasto en pensiones en España es de 190 687 millones de euros mientras que el gasto en educación se sitúa en los 5 354 millones, es decir, dedicamos 35 veces más de esfuerzo público al mantenimiento de nuestros mayores que a la formación de un capital humano fundamental para la redistribución de la riqueza en un país. Y es que las estimaciones más recientes del Banco Mundial sobre la riqueza de las naciones respaldan de modo contundente esta idea: en 2014 el capital humano representaría casi dos tercios de la riqueza mundial total (64,2 %)[89]. El abandono de nuestros Gobiernos hacia un colectivo poco cohesionado y organizado, como es el de los jóvenes, ha desnudado poco a poco los presupuestos destinados a la educación y ha destruido cualquier atisbo de consenso sobre la necesaria longevidad que los planes educativos necesitan. Un exhaustivo informe del BBVA[90] que analiza y cuantifica el capital humano en España, es claro al respecto: el valor del capital humano en nuestro país en los últimos veinte años ha caído más de un billón de euros, lo que implica más de un 3 % sobre el total.

Medidas para el corto plazo

Llegados a este punto, parece palmario que hay un cambio climático y que debemos evitar que siga avanzando hasta un punto de irreversibles consecuencias. Pero esta conclusión no quita que seamos inteligentes y busquemos minimizar y paliar las consecuencias que ya

---

[89] *The Changing Wealth of Nations 2018*. En The World Bank: https://worldbank.org/en/news/feature/2018/01/30/the-changing-wealth-of-nations-2018

[90] Pérez, C. A., Soler Guillén, A. *El valor del capital humano en España y sus regiones*, Fundación BBVA, 2022.

estamos percibiendo en nuestro hábitat. No nos podemos quedar en el simple baile de números y grados arriba o abajo plasmados en repetitivos compromisos climáticos, sino que debemos actuar en el presente para atenuar los efectos en nuestro clima. Por poner un ejemplo, Jonathan Franzen publicó en abril de 2015 un artículo en el que decía que ya no valía la pena luchar contra el cambio climático al considerarlo una guerra perdida[91]. Franzen, considerado por muchos el mayor talento de la nueva novela americana, es un reconocido ecologista, con una especial sensibilidad hacia los pájaros, y lamentaba que todos los esfuerzos de la lucha medioambiental se centraran únicamente en el cambio climático y se olvidara el corto plazo. La reforestación de territorios que sabemos van a sufrir una grave desertización o la construcción de nuevas infraestructuras que mitiguen fenómenos meteorológicos más extremos son ejemplos de acción a corto plazo. Ahora en el presente ya podemos trabajar en sistemas duales de recogida de aguas residuales que eviten que los plásticos lleguen el mar, proveer de sistemas de desalinización a zonas desérticas o gestionar potenciales desplazamientos de población hacia lugares climáticos menos extremos.

Un ejemplo muy ilustrativo es el de Yakarta, capital de Indonesia, donde el 40 % de su extensión ya se encuentra por debajo del nivel del mar —dato no muy halagüeño para los tiempos que vienen—. Yakarta, donde viven 4 millones de ciudadanos, se hunde y a un ritmo despiadado: 25 cm anuales al norte o 10 cm anuales al oeste. Paradójicamente, mientras se venden miles de coches eléctricos al año y se planean instalar casi 5 GW de energía solar fotovoltaica, el país, que se ha industrializado fuertemente en las últimas décadas, se ha dedicado a contaminar de manera extrema los ríos y afluentes que llegan a la capital y que le abastecen de agua potable. La miserable calidad de los ríos forzó a los habitantes de Yakarta a empezar a construir pozos y extraer millones de metros cúbicos de agua cada año del subsuelo para poder beber. Ahora, la capital de un país que invierte miles de millones en electrificación y

---

[91] Franzen, J. «Carbon Capture», en *New Yorker*, 8 de marzo de 2015: https://www.newyorker.com/magazine/2015/04/06/carbon-capture

energía renovables —para un futuro mejor— se hunde bajo el nivel del mar por extraer irracionalmente agua del subsuelo y no legislar e invertir correctamente en la calidad ambiental de sus ríos. Lo peor es que no es un ejemplo aislado, según un informe de la Universidad de East Anglia[92], debido a las mismas causas que hemos mencionado, más de un tercio de las zonas urbanas de China quedarán por debajo del nivel del mar de aquí a 2120, afectando a 128 millones de personas.

Podemos encontrar decenas de ejemplos análogos. Tan centrados que estamos actualmente en los plásticos y microplásticos para salvar la vida de esa fauna marina que está en peligro en los océanos, podríamos hacerlo más eficientemente, incentivando el mayor desarrollo de las piscifactorías, por ejemplo. Y es que nadie nos dice que entre el 75 % y el 85 % del plástico que contamina los océanos proviene de la pesca de alta mar[93] y que por cada kilogramo de pescado obtenido de esta manera han sido necesarios 2.9 litros de combustible[94]. El pescado de piscifactoría, además de evitar la sobrepesca y la destrucción de hábitats marinos, es más barato y contamina por kilogramo de proteína menos que el salvaje. Cada vez que veamos un kilo de pescado en el puesto de la pescadería, imaginémonos la garrafa de gasolina al lado que ha sido necesaria para su pesca y quizás ya no preguntemos si es «fresco» o no. Hoy en día, el 90 % de las poblaciones de peces del mundo están sobreexplotadas o al máximo de su capacidad y desde 1974 humanidad ha triplicado la proporción de poblaciones de peces que se capturan de forma insostenible[95]. El gran beneficio ambiental de la acuicultura proviene del traslado de las piscifactorías de los océanos a la tierra. Hacerlo reduce el impacto en el medio marino, permite siste-

---

[92] Nicholls, Robert. *Eart's sinking surface*. Tyndall Centre for Climate Change Research. Science.

[93] *Over 75 % Of Plastic in Great Pacific Garbage Patch Originates From Fishing*. En The Ocean Clean Up: https://theoceancleanup.com/press/press-releases/over-75-of-plastic-in-great-pacific-garbage-patch-originates-from-fishing/

[94] Sala, A., Damalas, D., Labanchi, L., Martinsohn, J., Moro, F., Sabatella, R., Notti, E. «Energy audit and carbon footprint in trawl fisheries», en *Scientific Data*, 20 de julio de 2022: https://n9.cl/xndb7

[95] FAO "The state of the World Fisheries and Aquaculture" FAO 2016

mas cerrados y controlados en lo que el agua se limpia y recircula. Los peces se modifican genéticamente, lo cual contribuye a la reducción de transmisión de enfermedades y esto podría generar una desescalada en cuanto al problema de la acumulación de metales pesados presentes en muchas especies marinas salvajes. Los metales pesados más peligrosos son, principalmente, el mercurio —el más abundante en acumulación—, el cadmio, el estaño, el arsénico, el plomo, el cobalto y el cobre. Y es que estos metales se depositan en el fondo de los océanos, pero en algunos casos se mantienen en suspensión coloidal y se incorporan a la cadena trófica mediante organismos filtradores del agua, como son, sobre todo, los moluscos, en especial los mejillones, almejas, berberechos, etc. De ahí los metales pasan a sus más directos predadores, generalmente pescados carnívoros de pequeño tamaño, y de estos a los predadores mayores, hasta llegar a las grandes fieras del mar, que encarnan los grandes túnidos. En esta escala creciente de peces grandes que se comen a los chicos, los metales pesados se van acumulando en el predador final. El pescado de piscifactoría eliminaría este grave problema ambiental no solo para el medio ambiente sino para el ser humano.

Otro ejemplo más paradigmático, si cabe, es el de la reforestación que, aunque como medida para evitar el cambio climático está muy cuestionada y, con razón (incluso plantando un billón de árboles solo absorberíamos un 6 % del CO_2 que emitiremos para el 2050)[96], debemos meterla dentro de ese grupo de acciones que realmente necesitamos en el corto plazo para hacer mejor la vida de las personas. La reforestación en zonas propensas a la desertificación tiene innumerables beneficios, previene la desertificación, estabiliza el suelo, reduce la erosión y aumenta el almacenamiento de agua. Los árboles actúan como reguladores naturales del ciclo del agua y sus raíces retienen ese mismo agua en el suelo, evitando la escorrentía y mejorando la recarga de los acuíferos. Además,

[96] Peters, A. «Bill Gates says it's 'complete nonsense' that planting trees can solve climate change. Here's why we should do it anyway», en *Fast Company*, 26 de septiembre de 2023: https://www.fastcompany.com/90957447/bill-gates-says-complete-nonsense-planting-trees-solve-climate-change-why-we-should-do-it-anyway

actúan como reguladores climáticos locales al moderar las temperaturas, reducir la velocidad del viento y proporcionar sombra.

Después de reflexionar acerca de esto, en un país como España, paradigma de la desertización por el cambio climático, tenemos planeado gastar nada más y nada menos que 3 000 millones de euros en un PERTE (Proyecto Estratégico para la Recuperación y Transformación Económica) que trate de fomentar el coche eléctrico —y que primará en gran medida a las familias de alto nivel adquisitivo— mientras gastamos, siéntese en su silla si aún no lo está, la escalofriante cifra de 77 millones de euros anuales en el Plan Forestal Español. Recordemos a los lectores que la Agencia Internacional de la Energía nos dice que, aunque pasemos de 2 a 280 millones de vehículos eléctricos (reemplazo total del parque automovilístico europeo), el porcentaje de reducción de emisiones del CO_2 mundial será solo del 1 %[97]. La razón de este escaso impacto es la contaminación debida a la necesidad de materiales y de componentes electrónicos que los coches eléctricos demandan y que descubrimos en el bloque anterior.

---

[97] Alexander, S., Gleeson, B. *Degrowth in the Suburbs. A Radical Urban Imaginary*. Palgrave Macmillan Singapore, 2019.

Nota técnica II.
La gran oportunidad de España para impulsar la transición verde: impuestos pigouvianos, congelación del precio de la vivienda y la reforma del sistema público de pensiones

Esta nota técnica es una descripción más detallada y comprensiva de las propuestas descritas a lo largo del Bloque 2. Intentaré exponer y cuantificar con algo más de detalle y granularidad los impactos económicos —tanto positivos como negativos— que la implantación de las medidas propuestas tendrían sobre el ciudadano. Esta nota técnica sería una primera aproximación a un muy necesario *dossier* económico que iluminara a los individuos y familias sobre las consecuencias de políticas medioambientales efectivas.

Ingresos 1: Por adquisición de activos inmobiliarios

Actualmente, el gasto en España en pensiones es de 12 100 millones. El 89 % de los pensionistas tienen inmuebles en propiedad. Hemos considerado que el Estado seguiría aportando desde sus arcas la misma cantidad de dinero en efectivo para el pago de las pensiones tal como se realiza ahora mismo, pero con la salvedad de que, a cambio, el pensionista iría dando el mismo valor que recibe del Estado en forma de nuda propiedad de su vivienda, quedando él como usufructuario. Como fórmula alternativa, el pensionista podría simplemente tirar de fondos propios o capital invertido de manera que el Estado dispondría directamente de esa liquidez en cuenta.

En el caso contrario de ir adquiriendo la nuda propiedad de inmuebles, el Estado podría sobreendeudarse hoy con la asunción de ingresos extraordinarios en el futuro. A medida que los activos fueran siendo liquidados —en el proceso de transmisión patrimonial—, el Estado iría cancelando la deuda contraída tras el pago de los herederos de la proporción del inmueble bajo titularidad pública.

Estos adelantos en cuenta por beneficios a futuro supondrían un aumento en la capacidad de gasto del Estado de 10 769 millones de euros (el 89 % de 12 100 millones de euros). El pago de las pensiones seguiría siendo asegurado por el Estado, luego no habría perjuicio para los jubilados interesados salvo, claro está, la pérdida paulatina de la propiedad de sus activos financieros e inmobiliarios, evitando que sean transferidos por entero a sus herederos.

Ingresos 2: Por aumento de recaudación de IVA

Por un lado, el Estado contaría con el dinero adelantado por la restructuración de las pensiones —10 769 millones de euros—; por otro, también contaría con el aumento de recaudación por IVA debido a la inflación repercutida generada por los impuestos pigouvianos. En recientes años con tasas de inflación igualmente altas a la calculadas (4.38 %)[98], la recaudación extraordinaria por IVA llegó al 14 %, lo que supuso 12 807 millones de euros para las arcas del Estado.

---

[98] Ver Bloque 2, Capítulo VIII.

Gastos 1: Por aumento del IPC anual

El IPC interanual adicional que soportarían las familias españolas por la nueva senda verde que tratamos de imponer es de aproximadamente 4.38 % de aquí al 2030. Sabiendo que el gasto medio es de 31 568 euros, esto supondría una subida de 1262 euros sobre el gasto anual por familia. Sabiendo que en España hay unos 18 754 000 hogares esto nos llevaría a un sobreesfuerzo económico de 23 667 millones de euros por la subida del IPC estimada.

Gastos 2: Por ayudas directas del Estado a las familias españolas

Con la estimación del aumento de ingresos por parte del Estado —IVA y los adelantos a cuenta por los activos inmobiliarios de pensionistas— podemos tener también una idea de la capacidad de gasto adicional que podría ser destinado a ayudas directas que compensaran la subida de precios que supondrían los nuevos impuestos pigouvianos o productos verdes alternativos. Estas ayudas quedarían cuantificadas en unos 23 576 millones de euros y son prácticamente el mismo sobresfuerzo calculado por la subida del precio de los bienes y servicios —23 667 millones de euros—, con lo que la transición hacia productos no contaminantes debería ser prácticamente a coste cero para el ciudadano.

Estado

	Ingresos (millones de euros)	Gastos (millones de euros)
Restructuración pensiones	10 769	0
Ayudas directas	0	23 576
IVA	12 807	0
	23 576	23 576

Familias

	Ingresos (millones de euros)	Gastos (millones de euros)
Ayudas directas	23 576	0
Subida del IPC		23 667
	23 576	23 667

Precio de la vivienda

No podemos olvidarnos de un punto nuclear dentro del Bloque 2: la vivienda. Como hemos visto en este bloque, el sector inmobiliario se comporta como un mercado monopolístico debido a la falta de oferta, la dificultad de incrementar su *stock* y su carácter de bien básico. Hemos podido constatar por numerosos expertos que el exceso de capital en el sistema es el germen que genera un ecosistema de ciclos alcistas constantes.

Haciendo un análisis de los gastos de las familias españolas en los últimos 60 años, hemos podido constatar que mientras el precio de muchos productos ha caído debido a la globalización y la industrialización masiva, otros, como la vivienda, han subido de tal manera que se ha cancelado toda posible mejora para los ciudadanos.

No quiero hacer el tema principal de este libro la propuesta de la congelación de los precios de la vivienda, pues entiendo que es una medida con poco consenso dentro de los economistas y que puede tener muchas sombras.

Los precios máximos y el poder de monopolio son dos conceptos importantes en economía que tienen un impacto significativo en la dinámica del mercado y el bienestar del consumidor. Comprender cómo interactúan estos conceptos es crucial tanto para los formuladores de políticas, como para las empresas y los consumidores. Un precio máximo es un límite impuesto por el Gobierno al precio que se puede cobrar por un bien o servicio en particular. Los precios máximos pueden tener consecuencias no deseadas. Los monopolios tienen la capacidad de controlar los precios y restringir la producción, lo que genera precios más altos y reduce el excedente del consumidor. La combinación de un precio máximo y un poder de monopolio puede crear una dinámica compleja que afecta tanto a los productores como a los consumidores. Un ejemplo de la interacción entre precios máximos y poder de monopolio son las políticas de control de alquileres implementadas en algunas ciudades. Este control establece un precio máximo que los propietarios pueden cobrar por las propiedades en alquiler, con el objetivo de proteger a los inquilinos de aumentos excesivos. Sin embargo, si hay una oferta limitada de unidades de alquiler y los propietarios tienen un poder de mercado significativo, se puede reducir la calidad de la vivienda o el mantenimiento. Esto puede resultar en una disminución de la calidad general de las viviendas de alquiler y una reducción en la disponibilidad de opciones de viviendas asequibles.

La diferencia entre ese caso y el que aquí se plantea es que no se pretende que el Estado fije un valor de la vivienda por debajo del precio de equilibrio del mercado —el que sucede entre oferta y demanda— sino que ese punto de equilibrio actual se congele, y se evite el uso de la vivienda como un *commodity*; es decir, bienes básicos que se utilizan como insumos en la producción de otros bienes y que son usados por el sector financiero como objetos de adquisición e intercambio. La perspectiva de no poder sacar un rendimiento especulativo o plusvalía a futuro, expulsará a muchos inversores y atraerá a otros con motivos más utilitaristas.

Asumiendo que imponemos una tasación independiente de todos los inmuebles y que ese precio tasado es congelado por seis años, la inflación haría el trabajo de reducir su coste económico en el ciudadano o lo que se llama en términos económico licuación inflacionaria. Conociendo este horizonte, el inversor del mercado inmobiliario trataría de salir de inmediato, antes de ver sus activos depreciados. A partir de los seis años, el valor de la vivienda podría volver a subir su precio, pero solo podría ser revalorizado con respecto al IPC. En el Bloque 2 calculamos una inflación adicional del 26.32 % por la aplicación de los impuestos pigouvianos o compra de productos verdes, que sería la misma reducción que experimentaría el precio de la vivienda de aquí al 2030 con la propuesta aquí descrita. Esto generaría un trasvase de rentas entre capitalistas-propietarios y trabajadores-arrendatarios, que se sumaría a lo propuesto con la reformulación del sistema público de pensiones. Ambos trasvases de rentas supondrían un alivio definitivo para las familias occidentales que se embarcarían en el difícil y contractivo proceso de descarbonización, acelerándose los cambios estructurales en la industria y el transporte tan necesarios. Más allá de números y cifras, la idea que debe subyacer en esta nota técnica es que existe un claro empobrecimiento de las generaciones más jóvenes respecto a las generaciones más mayores. Las razones son varias, pero fundamentalmente son dos las más importantes: por un lado, la revalorización de activos inmobiliarios tras una época de fuerte expansión del capital; y por otro, el fuerte proteccionismo político que reciben por ser un grupo de interés común, de tamaño creciente y poca abstención electoral. Así, pues, ajenos a cualquier razón de justicia social, la consecuencia más importante que afecta al problema climático que queremos abordar es que el empobrecimiento paulatino y generacional en Occidente genera un juego de suma cero que, al final, levanta un muro insalvable que impide que muchas familias y ciudadanos puedan migrar a patrones de consumo más sostenibles y, por ende, más caros. Si aumenta la cantidad de capital en el sistema, pero se aleja de las manos que realmente lo necesitan para el consumo de bienes y servicios, el problema climático tendrá difícil solución desde el punto de vista económico.

BLOQUE 3
LA CARA FILOSÓFICA

Capítulo IX.
La cara filosófica del problema ambiental

La epistemología es una rama de la filosofía que reflexiona acerca del conocimiento, y que abarca asuntos relacionados con la ciencia y el método científico. Si no hay una epistemología clara ni un método que dé cien por cien de seguridad a los lectores de una revista científica, causamos un problema para la gente externa a la ciencia e incluso para los propios científicos fuera de su especialidad. Para todos ellos, hoy en día, suele ser difícil apreciar si lo que dicen los científicos es cierto y, más aún, identificar quiénes son esos verdaderos científicos. ¿Es cierta la evolución? ¿Y el psicoanálisis? ¿Existió o no la pandemia? ¿Y el calentamiento global antropogénico? Sin una idea de lo que caracteriza a la ciencia, es imposible para los legos tomar una decisión al respecto. Es por eso por lo que las ciencias sociales y las epistemologías de la segunda mitad del siglo XX han tenido un efecto tan perjudicial sobre la credibilidad de la ciencia: si no hay distinción conceptual alguna entre lo que es ciencia y lo que no, entonces el profano debe confiar ciegamente en los científicos o caer en un escepticismo generalizado.

Y es que existen muchas personas que niegan el cambio climático de origen antropogénico, pues argumentan que las universidades están totalmente dominadas por corrientes de izquierda y que cualquier voz que no asuma la visión de la corriente progresista es cancelada. Así, para ellos esta tesis no es más que un relato que pertenece a la batalla cultural de la izquierda; es decir, una argucia para controlar más a la empresa privada y que adoptemos ciertas costumbres propias de este ámbito político. He leído el libro *No hay apocalipsis* (2021), de Michael Shellenberger, donde se argumenta razonadamente este abanico de argumentos. Lo peor es que, a pesar de errar en la negación de las consecuencias del cambio antropogénico, no se le puede negar cierta razón en muchas de sus observaciones. El ambiente universitario se ha politizado de tal manera, ha habido tal apropiación cultural del ecologismo y la lucha medioambiental por parte de la izquierda posmoderna que la supuesta imparcialidad científica ha quedado comprometida en ciertos casos.

La negación es un tipo de mecanismo de defensa psicológico que consiste en ignorar la realidad de una determinada situación que nos produce aversión o angustia para negar sus consecuencias. Ciertos autores[99] entienden la negación como un mecanismo de defensa inconsciente y el negacionismo como un rechazo sistemático de ciertos hechos respaldados por la evidencia científica o histórica que busca influir en los procesos sociales y políticos para favorecer determinados intereses.

En consecuencia, estamos ante un fenómeno social que niega una verdad empíricamente verificable porque entra en conflicto con determinados intereses, creencias o ideas. En su estrategia, se ponen en marcha la construcción de argumentos falsos, se invocan conspiraciones, se recurre a falsos expertos y se realiza una interpretación selectiva de datos para sustentar otro relato. El gran problema se produce cuando los discursos negacionistas son asumidos por una parte de la sociedad que naturaliza un tipo de pensamiento irracional, obstaculiza el progreso científico y supone un peligro para las vidas humanas.

Así, pues, tengo que ser claro y expresar manifiestamente mi actual confianza epistémica sobre el método científico vigente. La ciencia es

---

[99] Stanley Cohen. *States of Denial: Knowing about Atrocities and Suffering*. Polity Press 2001.

unánime sobre la existencia de un cambio climático antropogénico que, con cierta probabilidad, puede tener duras consecuencias sobre la humanidad. Esto es ciencia y su negación irracional, el uso político o el grado de certidumbre de cualquier predicción sobre los impactos exactos en la humanidad puede ser evidentemente discutido, pero el primer enunciado no. La falta de confianza —a veces fundamentada por desgracia— entre ciencia y sociedad puede conllevar desastrosas consecuencias.

El paradigmático caso Sokal y las mal llamadas ciencias sociales

El caso Sokal comenzó en abril de 1996 cuando Alan Sokal, profesor de física de la Universidad de Nueva York, firmó un artículo en la revista *Social Text* titulado «Transgressing the Boundaries: Toward a Transformative Hermeneutics of Quantum Gravity»[100]. Como reconoce Sokal, el texto estaba repleto de absurdas afirmaciones en las que dice que «existe un mundo exterior a nuestra consciencia, cuyas propiedades son independientes a todo individuo y aún a toda la humanidad» o se afirma que «la realidad física, lo mismo que la realidad social, es fundamentalmente una construcción lingüística y social». Dos meses más tarde, él mismo explicaba en la revista *Lingua Franca* que el texto publicado era una broma destinada a mostrar la facilidad de publicar en una revista de ciencias sociales textos ilógicos desde el punto de vista científico, siempre y cuando siguieran la doctrina cultural de la izquierda posmoderna.

Según Sokal y Bricmont —los autores del engaño— la total guerra del posmodernismo contra la tecnocracia —la idea de que siempre hay una sola forma efectiva de solucionar un problema— nos ha llevado a un relativismo epistémico y a un escepticismo científico sin precedentes. La preponderancia de las ciencias sociales sobre las exactas en el siglo XXI, así como la intención de tener la misma legitimación a través del método científico, ha conseguido devaluar, en términos generales, la concepción que el ciudadano tiene de la producción

---

[100] https://physics.nyu.edu/sokal/transgress_v2/transgress_v2_singlefile.html

científica. Además, el dominio ciertamente alcanzado por la izquierda cultural sobre estas ramas de la ciencia y sobre la universidad en general también ha generado un recelo significativo en parte de la población. Un recelo que ha mutado en un escepticismo mal entendido.

Escepticismo científico

Pirrón, el fundador del escepticismo como actitud filosófica, allá por el siglo III a. C., defendía la imperturbabilidad del alma del sabio —esto es, del escéptico— ante los acontecimientos. El escepticismo, al igual que la humildad, es una herramienta fundamental: nos ayuda a dudar para comprender de la forma más precisa posible el mundo que nos rodea. Así, los negacionistas suelen argumentar que ellos representan el sano escepticismo y la actitud crítica que debe predominar en la ciencia. Sin embargo, a mi entender, esto es una maniobra de distracción. El negacionismo no debe confundirse con el escepticismo organizado que, como señaló hace décadas el sociólogo Robert K. Merton, constituye un atributo característico de la ciencia. A diferencia del escepticismo real, el negacionismo no pretende poner en cuestión hipótesis científicas que no han sido suficientemente contrastadas, sino que más bien promueve un rechazo dogmático y poco razonando, frecuentemente por motivaciones emocionales e ideológicas, de tesis científicas bien establecidas acerca de determinados fenómenos.

El negacionismo se alimenta de que los seres humanos partimos de una tabula rasa epistémica: debemos reflexionar para descubrir los secretos entresijos de la realidad que nos rodea, incluida la de nuestra propia existencia, y aprender lo más posible del conocimiento que nuestros predecesores cosecharon y nos transmiten por textos. Si no hay una determinada confianza en la historia o en la ciencia, no solo ponemos en peligro el consenso histórico sobre nuestro pasado, sino también ciertos avances científicos y técnicos que son fundamentales para el funcionamiento de la sociedad. Para ver esto, no nos tenemos que remontar a la derecha más radical que estuvo en contra de las vacunas y medidas de aislamiento del COVID, o a la izquierda más naturalista que estuvo en contra de pesticidas agrícolas o vacunas como la del sarampión. Podemos ver la relación entre ciencia y la sociedad mediante un simple e ilustrativo ejemplo: la cloración del agua.

Robert Koch recibió el Nobel en 1905 por sus trabajos sobre la tuberculosis, pero la Academia habría estado más acertada si se lo hubieran concedido por los postulados que llevan su nombre. Koch le dio al mundo el concepto de «carga bacteriana», una forma sencilla de contabilizar bacterias y un límite de seguridad: por debajo de 100 colonias el agua era segura para beber. Hasta ese momento, la única forma que teníamos los ingenieros de saber si una instalación de alcantarillado o agua potable era segura consistía en esperar a que murieran menos personas en los meses siguientes a su construcción. Con esa forma de medir bacterias y los microscopios como armas, se aceleró tremendamente el proceso, pero, aún más importante, se abrió una nueva forma de hacer el agua más segura: eliminando los gérmenes directamente en lugar de luchar indirectamente al separar las aguas residuales de las potables. Y en este nuevo frente abierto llega nuestro personaje, el doctor John L. Leal.

Su interés por asuntos de salud pública era personal: su padre, otro médico que se había alistado de voluntario en un regimiento durante la guerra civil estadounidense, había sufrido durante casi dos décadas una disentería amebiana por beber agua contaminada durante el conflicto. Dos décadas sufriendo la enfermedad que finalmente lo mató. De todos los tóxicos probados por Leal, uno le llamó poderosamente la atención: el hipoclorito de calcio. Pero no todo era tan sencillo: había una gran oposición pública al uso de químicos en el agua. Leal conocía de primera mano, como jefe de salud pública de la ciudad de Patterson, ese olor punzante al químico que se usaba en las casas desinfectadas cuando se daban brotes de cólera y fiebres tifoideas. Era plenamente consciente de que no era el olor que uno querría en el agua que se lleva a la boca. La desinfección química del agua era algo repelente y tabú. Pero él, con su formación de bacteriólogo, estaba convencido de que con las dosis correctas la cloración sería segura para humanos y mortal para los gérmenes.

Nadie puede hacer nada si no le dan la oportunidad y la de Leal llegó finalmente. Fue contratado por la Jersey City Water Supply Company (JCWSC) como persona encargada de la salubridad de las aguas destinadas a consumo humano del embalse Boonton (New Jersey). Inicialmente, su trabajo era eliminar las fuentes de contaminación río arriba. En 1908, con las obras terminadas, la JCWSC se encontraba en problemas legales con el estado de New Jersey. Sus aguas no eran del todo «puras y saludables», por lo que les ordenaron construir más alcantarillas. Leal, conociendo que la efectividad de esta medida iba a ser limitada, presionó para que la compañía consiguiera que la sentencia incluyera una mención a «otros planes y dispositivos».

Armado con su descaro y con los resultados de sus más recientes experimentos, sin pedir permiso a nadie y casi en completo secreto, contrató al ingeniero George W. Fuller. Junto al embalse, este construyó la primera planta continua de cloración de agua de la historia, capaz de clorar 140 000 m3 de agua. Leal decidió «envenenar» a las 200 000 personas que dependían de ese embalse para beber. Un loco o, peor, un terrorista. El reloj corría y Leal no tenía tiempo de realizar un estudio piloto o hacer una planta modelo para convencer a su empresa. ¿Solución? Poner en práctica uno de los experimentos más atrevidos (y poco éticos) de la historia.

Tras un posterior juicio ante la temeridad del doctor, el juez dio la razón a la compañía sobre que la planta era capaz de hacer que el agua entregada a Jersey City fuera «pura y saludable» y que entraba dentro de esos «otros planes y dispositivos» incluidos en la primera sentencia. Leal renunció a patentar el dispositivo, lo que contribuyó a su rápida adopción por el resto de los ayuntamientos. En 2005, dos investigadores de Harvard llegaron a la conclusión de que la adopción de la cloración entre 1900 y 1930 había reducido la mortalidad total de los EE. UU. en un 43 % y la infantil en un impresionante 74 %.

El caso de la cloración del agua es un ejemplo de que si no hay una confianza recíproca entre la población y la ciencia se pueden dar casos en los que la técnica no puede implementar los avances científicos en la sociedad. En tal situación, nuestro héroe pudo haber sido perfectamente un villano o un loco, y evidentemente no es el proceso natural o ético para poner en marcha avances. La desconfianza, el escepticismo recíproco que se dio entre población y ciencia pudo haber matado de miles de personas por envenenamiento o dejado de salvar millones de vidas por una implementación tardía de la invención.

Capítulo X.
La cara filosófica de las causas

Durante siglos el conflicto más importante que ha existido en la humanidad ha sido la clásica lucha entre religión y ciencia o, por llamarlo de otro modo, entre fe y razón. En esta lucha nos podemos remontar al comienzo del cristianismo, cuando se pregonaba que la ignorancia era una virtud, una época (hacia el año 390) en la que el obispo Teófilo destruyó una sección de la Biblioteca de Alejandría, y donde hordas cristianas asesinaron a Hipatia, la última matemática de la ciudad, hija del astrónomo Teón. El inicio del cristianismo nos introduce de lleno en un oscuro período de casi 1000 años que transcurrieron entre el ocaso de la antigua cultura grecorromana y el amanecer del Renacimiento.

La religión cristiana primigenia, que aún mantenía un gran componente de paganismo, consideraba un grave ataque aquel que se realizara contra la filosofía o la ciencia aristotélica. Y, por extensión, todo ataque que se realizara contra los principios cosmológicos o científicos que había adoptado de la tradición griega. Con este planteamiento no ha de extrañar que los escolásticos se opusieran a las tesis de Copérnico o se negasen a mirar por el telescopio de Galileo.

La lista de mártires de la ciencia es larga. La cárcel, el exilio, la exclusión social e incluso la muerte han sido los destinos de muchos pensadores a lo largo de la historia de la humanidad, cuyo único crimen fue ir en contra de la religión imperante de la época. Además del famoso Galileo, hay muchos otros ejemplos. Lucilio Vanini fue un pensador italiano que defendía que el universo se rige por leyes naturales y que los seres humanos evolucionaron de los monos. Fue, así, uno de los muchos antecesores a Darwin al afirmar que unos animales podían «transformarse» en otros. Esto le valió la condena por blasfemia: se le cortó la lengua, fue estrangulado y finalmente quemado. Giordano Bruno, por su parte, fue un místico visionario que defendió por primera vez que la Tierra era redonda y fue quemado en la hoguera. Y ejemplos más recientes en el pasado siglo XX, como el de Ernest Gibbins, que solo pretendía ayudar a la humanidad con su investigación, pero que murió atravesado por una lanza en su estancia en la tribu ugandesa de Lugbara.

Política: la nueva religión

Una de las características de nuestro tiempo es la importancia dada a las «políticas identitarias». El libro *La masa enfurecida* (2019), de Douglas Murray, lleva un alarmante subtítulo: «Cómo las políticas de identidad llevaron al mundo a la locura». Del reconocimiento se ha pasado al orgullo por la propia identidad y, de ahí, a la exigencia de una «compensación» por las penurias infringidas. Por políticas identitarias se entiende aquella participación política que no se basa en partidos o sindicatos, sino en grupos identitarios, y que centra su acción en la defensa y las reivindicaciones de ese grupo. Los nacionalismos son un caso paradigmático. Y en este momento lo son también los movimientos *woke*, que se articulan sobre grupos de víctimas. Suelen estar movidos por una exigencia de «reconocimiento» de los derechos del grupo y de su dignidad. En *Identidad. La demanda de dignidad y las políticas de resentimiento* (2019), Francis Fukuyama considera que Hegel tenía razón al decir que la historia era una lucha por el reconocimiento, y piensa que la política actual lo pone de manifiesto, e incluso va más allá. Del reconocimiento se ha pasado al orgullo por la propia identidad (orgullo de la negritud, de la propia cultura o de la orientación sexual) y de ahí, como se ha dicho antes, a la exigencia de esa «compensación». Muchos politólogos han criticado la política identitaria porque al fundarse en las diferencias fractura la sociedad. El historiador Arthur Schlesinger Jr. discutió sobre política identitaria en su libro *La desunión de América* (1992), y consideraba que la defensa de los derechos de las minorías oprimidas se hacía mejor desde la óptica de los derechos humanos universales: «Los movimientos por los derechos civiles deberían apuntar a la total aceptación e integración de grupos marginados dentro de la cultura general, en lugar de perpetuar la marginación a través del énfasis en las diferencias».

Las religiones teístas santifican a los dioses (de ahí que sean llamadas «teístas», del griego *theós*). Para Yuval Noah Harari, aunque las religiones teístas hayan retrocedido en la actualidad, si tomamos en consideración las religiones de ley natural, entonces la modernidad resulta ser una época de intenso fervor religioso y esfuerzo misioneros sin parangón. La edad moderna ha asistido a la aparición de varias religiones de ley natural nuevas, como el liberalismo, el comunismo, el capitalismo, el nacionalismo y el nazismo. A estas creencias no les gusta que se las llame «religiones», y se refieren a sí mismas como «ideologías». La religión es un sistema de normas y valores humanos que se fundamenta en la creencia en un orden sobrehumano. La teoría de la relatividad no es una religión porque —al menos hasta ahora— no existen normas y valores humanos que se fundamenten en ella. El fútbol no es una religión porque nadie aduce que sus reglas reflejen edictos sobrehumanos. El budismo y el comunismo son religiones naturales porque son sistemas de normas y valores humanos que se fundamentan en la creencia de un orden sobrehumano, que no sobrenatural, como las teístas. Yo, por ejemplo, no me siento tan cómodo con esta apreciación semántica, aunque entiendo su razonamiento. En lo personal, he cambiado mi religión cristiana por una humanista y liberal (fe en el ser humano, el progreso y la ciencia) y creo que podemos dividir los credos en religiones centradas en un Dios e ideologías ateas que afirman basarse en leyes naturales. Pero entonces, para ser coherentes, necesitaríamos catalogar como ideologías al menos algunas sectas budistas, taoístas y estoicas, y no como religiones. Y, a la inversa, tendríamos que señalar que la creencia en dioses persiste en muchas ideologías modernas.

No obstante, en este capítulo no me centraré en la controversia sobre identitarismo o religiones laicas. El problema que traigo a colación con las religiones no es de principios ni de finales, sino de medios. Por desgracia, las religiones no son grupos abiertos de ideas que uno pueda seleccionar. No puedo ser cristiano si no creo en la reencarnación de Jesús —uno de mis mayores problemas durante mi época de creyente— ni comunista si creo en la propiedad privada.

Por ejemplo, estoy totalmente a favor de muchas de las consignas o predicamentos de la religión cristiana. Estoy personalmente a favor del «Haz a los demás lo que quieras que te hagan a ti». En Lucas 6,31, Jesús dice: «Y como queréis que hagan los hombres con vosotros, así también haced vosotros con ellos». Pero es muy diferente seguir esta consigna por el simple hecho de ser un mandato de Dios o por estar reflejado en la Biblia, que seguirla por un convencimiento intelectual tras cierto razonamiento. Kant, por ejemplo, sobre este mismo tema, se pregunta de qué manera habría que enmarcar las acciones humanas para que sean una opción o una obligación (imperativo hipotético o categórico) y, después de realizar un análisis filosófico exhaustivo en su *Crítica de la razón práctica* (1788), nos dice: «Obra de tal modo que la máxima de tu voluntad pueda valer siempre al mismo tiempo como principio de una legislación universal. Obra de tal modo que uses a la humanidad, tanto en tu persona como en la persona de cualquier otro, siempre al mismo tiempo como fin y nunca simplemente como medio».

Mismo resultado, diferente proceso intelectual. El medio para llegar al objetivo es lo más importante, es lo que realmente nos enseña y nos capacita. Y es aquí donde la política, como nueva religión laica, sí se ha convertido en un obstáculo, una fuente de enfrentamiento con la ciencia. Si han visto la película *No mires arriba* (Adam McKay, 2021), creo que ya saben de lo que les estoy hablando. La película trata de un meteorito que está camino a impactar directamente contra la Tierra y el mensaje de los científicos que lo detectaron queda distorsionado por interpretaciones mediáticas e intereses políticos. Existe un claro cuestionamiento del consenso científico y un negacionismo en la sociedad que se escenifica magistralmente en la cinta. Como nadie ve con sus propios ojos el meteorito, cada individuo tiene su propia interpretación y «creencia» sobre su existencia y, al final, se generan dos corrientes políticas que se posicionan del lado de la aceptación o de la negación de ese apocalipsis por venir.

Y es que hablar de política en familia o entre amigos está mal visto porque parecemos incapaces de afrontar la política de forma racional, guardándonos nuestras pasiones y analizando datos sin el filtro de los elementos ideológicos (aquellos que pertenecen a la fe política). En la mayoría de los casos la ideología nos define tanto como nuestra patria y es más que nuestro nombre o equipo favorito. Cuando la política se mezcla con otras cosas, se pierde el buen debate. Durante mucho tiempo creímos que la ciencia era políticamente pura. Pensábamos que los datos fríos eran inmunes a la ideología, pero estábamos equivocados. Porque la decisión de estudiar esto o aquello tiene una dimensión ideológica, y la forma en que se interpretan los datos puede contener todo tipo de sesgos. La política ya había invadido la ciencia, pero la intrusión de la ciencia en la política hizo que la relación fuera aún más clara. El estudio de los ciclos reproductivos de las arañas y el movimiento de partículas en los fluidos no suele ser de interés para la clase política. Sin embargo, la mayor parte de las ciencias aplicadas ha intentado abordar problemas con claras implicaciones sociales: la crisis climática, la disminución de especies, la escasez de agua, las bacterias altamente resistentes a los antibióticos, las islas de plástico, las epidemias. Lamentablemente, en algunos casos se utilizan supuestos datos científicos para respaldar decisiones partidistas, lo que inevitablemente erosiona la confianza. Sin embargo, esta corrupción no tiene por qué provocar necesariamente el rechazo del público. En el momento en que la ciencia se combina con medidas que nos imponen algo o nos prohíben hacer algo, comienza a crecer un nido de ideología entre la gente.

Vivimos bastante cómodos y no nos gusta que nos obliguen a nada, sobre todo cuando se hace desde una autoridad intelectual supuestamente imbatible. Si nos negamos somos tontos; si lo aceptamos, cobardes. Así piensan algunos. De hecho, aunque hace cinco décadas los votantes de partidos de izquierdas eran más dados a desconfiar de las ciencias por sesgos antisistema o pseudociencias de corte espiritual, las tornas han cambiado. Durante estos últimos años la relación entre las ciencias y las medidas regulatorias ha despertado la desconfianza de los votantes de partidos de derechas donde el culto a la libertad individual choca con imposiciones gubernamentales como la vacunación, el uso de mascarillas, la descarbonización, la regulación de la caza, y un largo etcétera. Curiosamente, estos mismos estudios apuntan a que los votantes conservadores con un menor nivel de estudios son menos escépticos. Es difícil saber el motivo exacto, pero posiblemente tenga que ver con una mayor capacidad para convencerse a sí mismos de sus sesgos. En cualquier caso, lo más relevante de este dato es que, tal vez, la desconfianza no sea algo que podamos curar solo desde la educación o, al menos, no como está planteada ahora.

Para la ciencia, el activismo político no parece ser el camino para recuperar su buena relación con la sociedad. Los verdaderos marcadores de confianza suelen relacionarse con las experiencias individuales, la integridad percibida del sistema científico y la benevolencia que le atribuimos a quien nos informa. Es cierto, hace unas décadas esa confianza que había en la ciencia, era más bien fe. Una creencia irracional, desde el desconocimiento que tenía la sociedad. La mayoría de las personas que «confiaban» en los expertos no sabía cómo funcionaban las ciencias o por qué eran más fiables que otras formas de obtener conocimiento. Simplemente nos maravillábamos con algunos de sus logros, con los más puros y perfectos, aquellos que sí llegaban a los medios. Habíamos idealizado a las ciencias como los niños idealizan a sus padres. Con la adolescencia el idilio se rompe y, como un péndulo pasamos a infravalorarlos, porque son apenas una caricatura de lo que soñábamos. Pasará algún tiempo hasta que los adolescentes maduren y entiendan que si los padres no son héroes es porque tampoco son extraños en los que desconfiar. Con algo de suerte, cuando terminemos de triturar nuestra relación con la ciencia, podamos construir una mucho más sana, donde agradezcamos sus aciertos y sepamos contextualizar sus errores.

En esta cara filosófica del problema ambiental no analizaré ni la solución actual ni ofreceré una propuesta alternativa por dos motivos. Por un lado, no he conseguido identificar ningún plan estructurado gubernamental o supranacional que pretenda restablecer la confianza en la ciencia y que sea digno de mención. Por otro, mi particular visión sobre este tema ya quedó recogida en mi anterior libro *El consumidor político* (2021), donde parcialmente acometí el problema de la política como fuente de creencia irracional y los diferentes sesgos que nos acompañan como seres humanos.

Lo que es relevante y fundamental enfatizar aquí —aunque sea al final ya del camino de este libro—, es que es necesario buscar y articular acciones del Estado que favorezcan el escepticismo filosófico —ese que genera curiosidad intelectual en el ciudadano— y que al mismo tiempo reduzcan el escepticismo científico o negacionismo —ese que hace una enmienda a la totalidad y reniega de los consensos por creencias políticas o religiosas—. Tarea compleja que, desde luego, deberíamos empezar a trabajar antes que negacionistas de todo tipo (vacunas, pesticidas, cambio climático, etc.) empiecen a proliferar en nuestras sociedades. Para esta tarea propongo como posible solución lo que algunos artículos[101] muy interesantes denominan «*trustworthiness*» o «confiabilidad». Esta confiabilidad no es fe o confianza ciega sino es una manera de intentar mantener la opinión del ciudadano respecto a las instituciones científicas lo más alta posible, ya sea mediante la no involucración en dictámenes que puedan ser entendidos como

---

[101] Ishmael-Perkins, N., Raman, S., Metcalfe, J., Strudwicke, I., Gascoigne, T., Leac, J. *The Contextualization Deficit. Reframing Trust in Science for Multilateral Policy*. The Centre for Science Futures. París, 2023.

posicionamientos políticos, la elevación de estándares a la hora de publicar artículos o la mejora los procesos de comunicación al público en general. La confiabilidad es, pues, esa imagen que tenemos de un ente o persona y que se traduce en confianza otorgada por la razón y la experiencia, y no por la fe.

BLOQUE 4
LA CARA INDIVIDUAL

Capítulo XI.
Sus ideas

La última cara de este tetraedro que estamos analizando será un simple espejo. En esta cara se verán a sí mismos y por ello les dejo un par de páginas para que escriban sus ideas, sus pensamientos, sus inquietudes y, si tienen a bien compartirlas, me las puedan enviar al correo electrónico: elgranreajuste@gmail.com o dejar un comentario en el canal de Youtube de mismo nombre.

Y es que toda solución pasa siempre por el individuo y muchas veces por la sociedad civil como integradora de voluntades. Espero que la lectura de este libro les haya suscitado ideas, dudas y ganas de seguir indagando sobre un problema tan de actualidad.

BLOQUE 5
EL GRAN REAJUSTE

Llegados a este punto es necesario ya hacer una breve recapitulación de todo lo visto hasta el momento. Aunque solo hayamos arañado la superficie de un problema de gran profundidad, al menos hemos visto las caras más significativas de ese tetraedro al que identificamos como «objeto de estudio» y que no es otro que el cambio climático. Por ello, el libro se ha enfocado en varios bloques —uno por cara— empezando por el estudio científico y técnico, pasando por el análisis económico y político del problema hasta llegar a la dimensión filosófica del mismo. La última cara del tetraedro no ha sido más que la centrada en usted como lector y su posible aporte a la solución.

Así, pues, en el primer bloque del libro empezamos aprendiendo ciertos conceptos básicos sobre la regulación de la temperatura en nuestro planeta. Desgranamos las funciones de los gases de efecto invernadero en el clima, la importancia de su equilibrio en la atmósfera y las evidencias que nos conducen a afirmar que existe un cambio climático antropogénico. Aprendimos algo más sobre los modelos climáticos y destacamos su baja precisión y grado de fiabilidad por la magnitud del sistema que intentan simular. Finalmente, entendimos que, a pesar del grado de incertidumbre, la razón y la confianza en la ciencia nos debe alentar a reducir enérgicamente las actuales emisiones de gases de efecto invernadero y evitar una ruleta rusa climática que nadie sabe a dónde nos puede llevar.

Dentro del mismo bloque vimos cómo la población mundial disfruta de las bondades de las distintas revoluciones industriales acaecidas. La elevada densidad energética de ciertos combustibles fósiles, así como los avances científicos han permitido multiplicar por varios órdenes de magnitud la capacidad de transporte, de producción de fertilizantes y a su vez de alimentos y la producción de esos elementos fundamentales para nuestras infraestructuras como son el acero, el hormigón y los plásticos. Todos estos elementos son las bases de nuestra civilización y nos permiten disfrutar de una sociedad cuyos niveles de vida eran impensables hasta hace bien poco. Pero ha habido un coste, que ha pagado principalmente nuestro planeta y su atmósfera, debido a una ingente cantidad de emisiones de efecto invernadero originados por la quema de combustibles fósiles. Hemos comprendido que nuestras acciones más básicas dependen de una complicada red de infraestructuras y procesos industriales que nos permiten viajar, beber, alimentarnos, cobijarnos y disponer de energía sin límite gracias, en su mayoría, a procesos contaminantes. Unas comodidades que obtenemos fácilmente a precios asequibles y que nos permiten dedicarnos a menesteres más elevados.

Una vez entendido de dónde venimos hemos analizado las acciones que el mundo está planteándose para descarbonizarse de aquí al 2050. La actual transición energética es la medida estrella que el mundo occidental impulsa, una medida que se basa en la electrificación y en las energías renovables más asequibles hoy en día. Baratas, *a priori*, pero cuyos gastos ocultos por su intermitencia y su imperiosa dependencia de ciertos recursos minerales las convierten en menos sostenibles y asequibles de lo que podríamos creer inicialmente. Como solución hemos planteado la combinación de energía termosolar y la economía circular del hidrógeno que nos pueden permitir no solo descarbonizar procesos fundamentales para nuestra civilización, sino también evitar una fuerte dependencia de metales raros mejorando al mismo tiempo la estabilidad de la red eléctrica frente a la conexión de fuentes no renovables.

En la siguiente cara del tetraedro: la política-económica, hemos descubierto que, a pesar del abaratamiento de la mayoría de los productos de consumo que las revoluciones industriales han trasladado a los ciudadanos, realmente el nivel adquisitivo de estos no ha mejorado demasiado. Analizando los gastos medios de las familias occidentales, hemos detectado que todo lo ahorrado en productos de consumo como la ropa, electrodomésticos o alimentos lo gastamos ahora de manera forzosa en la vivienda: lo comido por lo servido. El bien inmobiliario ha sufrido un fuerte proceso de revalorización y especulación debido principalmente al exceso de capital en el sistema y a ser un valor refugio de inversión. Es muy ilustrativo ver que el esfuerzo económico —años de trabajo— necesario para adquirir una vivienda se ha multiplicado casi por tres desde los años sesenta, cancelando todos los posibles ahorros que para las familias hubieran podido tener las bondades de la globalización. La aplicación de la teoría monetaria moderna por parte de los Estados actuales les ha permitido, mediante los bancos centrales, endeudarse con facilidad e inundar los mercados con dinero barato, facilitando la creación de redes clientelares con políticas keynesianas populistas. Al final el descrédito de la teoría monetaria moderna ha quedado patente en cíclicas burbujas inmobiliarias y en una inflación continuada que ha empobrecido a la población y ha disparado el precio de bienes como el inmobiliario. Este aumento del precio de la vivienda, debido a la especulación y la inversión, ha capitalizado generosamente a nuestros mayores, quienes han visto revalorizar sus activos, y ha arrinconado a los jóvenes compradores de vivienda a un escenario de precariedad. Un escenario donde la carga inmobiliaria les empuja inexorablemente a la compra de productos producidos en Oriente, baratos y con bajos controles medioambientales.

Para solucionar esta desigualdad intergeneracional y empezar a reducir el precio de la vivienda hemos expuesto que la imposición de impuestos pigouvianos a los productos no solo sería una medida justa para contabilizar las externalidades que la contaminación genera, sino además haría que los productos verdes fuesen más atractivos al consumidor. Esta medida, más la congelación de los precios del parque de vivienda actual, serían no solo medidas disuasorias para la especulación sino formas distintas y activas de extracción de capital de los mercados y de los tenedores de vivienda.

Impuestos que reflejen los costes ocultos de las externalidades medioambientales deberían impulsar la manufactura occidental, para reindustrializar los países desarrollados y tejer un sector primario y secundario (reutilización y reciclaje) que permita la distribución más homogénea de la población en todo el territorio. Un fortalecimiento de estos sectores favorecería una distensión en los precios de viviendas en grandes ciudades, mejoraría las infraestructuras entre núcleos urbanos secundarios y convertiría viviendas antes poco apetecibles por su distancia a los focos de trabajo en mucho más deseables, incrementando de manera efectiva el *stock* de vivienda.

En definitiva, los impuestos pigouvianos acabarían reduciendo la capacidad de gasto de las familias, pero provocarían una bajada en los precios de las viviendas, pues este precio no está fijado por el valor del producto de mercado, sino por la capacidad de gasto del comprador. Si extraemos de manera homogénea la capacidad de gasto de las familias reduciremos finalmente el precio de la vivienda como resultado y estaremos extrayendo el exceso de capital que genera esta situación.

Una tercera medida para favorecer la solidaridad intergeneracional sería la reconversión de la Seguridad Social y, en particular, del sistema público de pensiones. Un sistema que engulle la mitad del presupuesto estatal en las naciones occidentales bajo una interpretación errónea de la socialdemocracia. Una más acertada visión de las bases comunistas en las que se debería basarse el estado de bienestar nos empujaría a tomar medidas que favorezcan las ayudas enérgicas a las personas vulnerables y desincentivar las que se dedican actualmente a los ciudadanos capitalizados. Hemos concluido que el Estado no debería ser una suerte de fondo de inversión o de pensiones, sino que debería actuar como una aseguradora o una red de protección que vele por nosotros cuando realmente lo necesitemos.

Sabemos que jóvenes trabajadores sin capital sostienen las pensiones de mayores fuertemente capitalizados. Sabemos que familias trabajadoras sostienen una deuda acumulada de descuadres pasados que nunca llegaron a disfrutar. La solución que hemos planteado aquí es la adquisición progresiva de la nuda propiedad de los inmuebles de nuestros mayores a cambio del pago de sus pensiones, siendo una suerte de impuesto de sucesiones y, a la vez, un plan de aumento del parque público de vivienda. Con esto, el Estado podría ayudar directamente y de manera muy significativa a las familias para afrontar con garantías este **gran reajuste** que nos lleve a una sociedad más equitativa y, sobre todo, menos contaminante.

Finalmente, dentro del análisis de esta segunda cara del tetraedro hemos planteado una separación de poderes efectiva entre el Poder Ejecutivo y el Legislativo mediante dos elecciones separadas, en las que solo se puedan presentar a las elecciones ejecutivas profesionales del sector civil sin vinculaciones políticas. Ello atraería ciudadanos y profesionales más cualificados a la ordenanza de nuestras instituciones y a la gestión de nuestros ministerios.

A lo largo del libro he sido crítico con el ecologismo (activismo ecológico) y con los decrecentistas, unos por preocuparse solo por los fines y olvidarse de los medios, y los otros por no prestar ningún detalle sólido al que aferrarse para creer que ese mundo decreciente que solucione todo. Pero no nos engañemos, también debemos ser muy críticos con el omnipresente capitalismo. Que el capitalismo liberal sea el mejor sistema que hemos conocido hasta ahora no le exime de crítica y mucha menos de mejora. Los bancos centrales y los bajos tipos imposi-tivos impuestos no solo han anegado el sistema capitalista con dinero, sino que han engordado *holdings* empresariales hacia una obesidad elefantiásica, favoreciendo situaciones monopolísticas en mercado crí-ticos y generando claros fallos de mercado.

La descentralización estatal pretendida por el neoliberalismo favo-rece la superposición de múltiples capas de poder político que impiden la articulación de medidas homogeneizadoras, medidas necesarias para abordar cualquier problema transversal como son las externalidades medio ambientales. Esta descentralización ha sido clave en la clara incompetencia institucional frente a situaciones de emergencia o de pandemia, y los Estados han caído en acciones ineficientes por respon-sabilidades no compartimentadas entre órganos de poder. Necesita-mos empresas más pequeñas, flexibles y controlables con el objeto de evitar situaciones de monopolio, y necesitamos Estados más fuertes, más asociados y menos fragmentados que puedan ser mejor fiscaliza-dos por los ciudadanos y puedan generar políticas más transversales y uniformadoras. Y cuando digo Estados más fuertes, no digo necesa-riamente más confiscatorios. Un Estado puede ser fuerte si es capaz de legislar con energía y justicia y, sobre todo, si es competente en buscar la igualdad de oportunidades entres sus ciudadanos, y esto no pasa irremediablemente por recaudar más impuestos. Debemos exigir a nuestros dirigentes eficiencia en la gestión de nuestro dinero pues, la falta de políticas realistas y de presupuestos equilibrados al final sólo la pagamos nosotros.

En la tercera cara del tetraedro hemos abordado el problema filo-sófico que el cambio climático ha dejado patente: la desconfianza en la ciencia. Hemos visto que la eterna lucha entre ciencia y religión ha mutado a una lucha entre ciencia y política (la nueva religión laica). El activista ecologista, el reaccionario de derechas o el sindicalista, consi-deran su lucha como la única y su fin como el único que justifica los medios. El activismo como nueva religión ha inundado, década tras década, los medios de comunicación con medias verdades y mensajes apocalípticos que han armado a los escépticos con una larga hemeroteca de predicciones incumplidas sobre desastres climáticos que nunca llegaron. Los medios son tan importantes como los fines y debemos entender realmente que los problemas no se pueden solucionar mediante mensajes generalistas o dramáticos. Generar ecoansiedad a nuestros jóvenes no nos va a servir para reducir las emisiones de efecto invernadero y, por desgracia, los pequeños sacrificios que creemos hacer todos los días no son la solución práctica.

Necesitamos medidas y reajustes que fortalezcan la precaria situación de las democracias liberales de Occidente. Debemos ayudar a la juventud para que despierte, para que se recapitalice y pueda poner en práctica esa nueva conciencia ambiental que ya posee. Si no actuamos, seguiremos hundiendo esta decadente democracia en el fango de los males para los que nunca estuvo preparada: el populismo, la ineducación y la política de guerra. Lo hemos visto ya en varias ocasiones a lo largo de la historia, en el momento en el que el ser humano entra en la barrena de las emociones, los odios y la pura militancia acrítica nos hemos encaminado a los grandes desastres de la humanidad. Hoy en día es tan peligroso ser de derechas como de izquierdas, ser activista como negacionista, porque todos apelan a las emociones. Los problemas, para bien o para mal, solo se solucionan con la razón, los argumentos y la imaginación; en cierta medida, la base de todo humanismo ilustrado. Repitiendo lo que decía Kant, debemos salir del jardín de infancia intelectual en el que estamos. Una tarea a veces satisfactoria, otras veces muy dura, pero siempre necesaria.

Espero que terminen este libro con un pellizco de desasosiego, pero a la vez, con más confianza que antes en nuestra razón. Mientras tengamos la capacidad de razonar, de pensar, de aprender y de equivocarnos, no hay nada que no seamos capaces de lograr, como individuos, como sociedad, como especie que lucha y logra sobrevivir.

Epílogo.
Libertad e igualdad

Ni el sistema capitalista es perfecto porque muchas veces no es capaz de generar una igualdad de oportunidades efectiva, ni una economía planificada comunista es en la práctica viable. Es por ello por lo que siempre debemos posicionarnos entre los extremos, en la zona intermedia a la que habitualmente llamamos «socialdemocracia». El balance se puede describir como un equilibrio entre libertad individual e igualdad. La primera permite el emprendimiento y la generación de riqueza y la segunda vivir en sociedades justas y en paz.

Con el posmodernismo y la pérdida de los valores comunistas clásicos se ha desvirtuado mucho ese balance en la sociedad capitalista. Actualmente, se le da tanta importancia a la autopercepción del individuo que todo el mundo se siente en el lado de la «necesidad» y nunca en el lado de la «posibilidad» de dar al resto. Las coordenadas para delimitar la necesidad y la posibilidad son cada vez menos «técnicas» y más «emocionales». Grupos relacionados con las coordenadas de género, nación o edad, pueden pedir al Estado un trato preferente por su autopercepción de estar en el lado discriminado por una simple inercia historicista (discriminación pasada pero no probada en el presente). Mi posicionamiento al respecto es claro y ortodoxo, la única

coordenada válida para diferenciar opresores y oprimidos es la tenencia de capital, la única lucha que defiendo es, pues, la lucha de clases
entre capitalistas (aquellos que viven de las rentas del capital) y trabajadores (aquellos que viven de las rentas del trabajo).

Sin embargo, el comunismo ayuda y pide a la par, hay siempre un
trasvase entre derechos y deberes. A más derechos, más deberes y menos
libertad. Y es aquí donde creo que existe una clara incongruencia dentro
del pensamiento general de la sociedad. Se exigen derechos, pero se
reniega de los deberes. Un cierto infantilismo generalizado entre la clase
trabajadora que genera cierta desconfianza en las clases más acomodadas
y educadas. Este infantilismo deriva en un populismo de izquierdas o
de derechas. Cada uno con sus hombres de paja convence a los ciudadanos de que la inconsistencia entre sus expectativas y la realidad se debe a
razones que nada tienen que ver con su desempeño.

La URSS dotaba a sus ciudadanos de sanidad pública, trabajo, protección social, vivienda, educación y cultura a un nivel nada desdeñable
teniendo en cuenta la época y las dificultades económicas propias de un
Estado autócrata. Fue el primer país en empezar a establecer una sanidad
universal gratuita, la educación pública hasta la universidad, a construir
vivienda estatal, a reducir la jornada laboral a siete horas, a dar prestaciones de jubilación a los 60 años o a dotar de una baja maternal de un año
a las mujeres embarazadas. Pero, señores lectores, por otro lado, había
una «obligación» impuesta y un deber por parte del ciudadano, que
cerraba el círculo del trasvase necesario entre derechos y libertades[102].
Todos los ciudadanos de la URSS tenían la obligación de trabajar, nadie
podía quedarse ocioso o disponer de su tiempo si tenía el ahorro necesario para ello. Los ciudadanos debían poseer una libreta de trabajo
que hacía las veces de pasaporte, se les impedía cambiarse de trabajo o
mudarse de ciudad sin un permiso especial. Por supuesto, los viajes fuera
del país eran tremendamente complicados de llevar a cabo y el consumo
por encima de las necesidades básicas estaba tremendamente restringido
por los planes quinquenales. Además, se «fomentaba» —casi en el lado

---

[102] *Las leyes laborales de la Rusia soviética. Una crítica y una respuesta. 1920*

de la obligación— tanto el deporte como la cultura, como mecanismos de ingeniería social y compromiso político.

Así, pues, volviendo al problema del ecologismo que nos preocupa, la incongruencia entre un estado protector propio de sistemas comunistas y unos ciudadanos aburguesados y abandonados al consumo como deporte genera una dificultad adicional a cualquier solución. Mi personal desafección como trabajador productivo con el actual estado de bienestar se debe, principalmente, a esa falta de ética austera y colectivista que se ha de esperar, no solo de Estado que confisca nuestro trabajo, sino de los ciudadanos o «camaradas» que reciben la protección estatal que sustento. El hombre masa —tal como los llamaba Ortega y Gasset— es parte del problema que nos concierne, por un lado, por su aburguesamiento —incremento notable de su apetito consumista—; y, por otro, por su falta de formación cultural que alienta el populismo, los extremismos y la demagogia. Siento a veces que volvemos a la Edad Media en lo que se refiere a humanismo y conocimiento. Ya hubo una Ilustración que nos sacó de aquel tiempo y quizás necesitemos otra nueva que nos vuelva a despertar. Kant escribió un famoso ensayo titulado *¿Qué es la Ilustración?* (1784), y la definió básicamente como salir de nuestro jardín de infancia intelectual. Él pensaba que la raza humana había estado demasiado tiempo en una suerte de minoría de edad, demasiado tutelada por las autoridades; los seres humanos debían aprender y actuar a partir de términos científicos y políticos.

Debemos madurar y eso solo se hace, desde mi punto de vista, tras el aburrimiento que despierta primero una curiosidad sana y finalmente un apetito por el conocimiento real. En este proceso es fundamental una lectura comprensiva y un pensamiento crítico que nos haga madurar intelectualmente hablando. Esa madurez no lo da la edad, ni la educación formal, ni el dinero o las responsabilidades que tengamos encomendadas, es algo que exclusivamente depende de nosotros mismos frente al reto de un nuevo libro o el folio en blanco por escribir.

Cada día intento llegar a ser ese hombre que mi padre creyó yo llegaría a ser. Ese que por desgracia nunca llegará a ver. Como racionalista, en estas últimas líneas lloro mientras escribo y pienso en él. Pero no creo en la omnipresencia, así que necesito relacionar personas y objetos, lugares o símbolos, tótems, al fin y al cabo, que despiertan el recuerdo en mi memoria y mi corazón. En este cementerio en el que me hallo, rodeado físicamente de nombres y fechas sobre piedra, me siento paradójicamente más vivo. Aquí escribo estas últimas líneas del libro, y acepto que la muerte no es más que otra lección, esa que nos dice que hay tantísimo que no depende de nosotros. Hay un mar de cosas que solo podemos aprender a aceptar y navegar sus aguas. Los vientos no se eligen, la lluvia no se reclama, el sol saldrá sin nuestro permiso. Solo, muy de vez en cuando, en nuestra mano estará elegir los puertos a los que queremos llegar. Este libro quizás sea como los demás, un simple cuaderno de bitácora, introspectivo y personal, pero si por casualidad nos hemos cruzado en alguna de sus páginas, permítanme que les dé las gracias por su paciencia y su lectura.

Solo navegamos el mar una vez en la vida, pero los mapas que dejamos otros los leerán, al menos me digo a mí mismo mientras pulso esta última tecla, este punto final tan cerrado, negro y gigante como ese eclipse solar que sucedió aquella madrugada, un mismo 28 de febrero siete años atrás, con tu muerte.

No sé dónde estás, si dentro de mí o en el aire que tengo a mi alrededor. La ciencia nos dice que hablo conmigo mismo, pero, y aquí cometeré mi único y privado acto de negacionismo, sé que hablo contigo ahora. Nada más por decir ya queda. Solo, un adiós de nuevo y para siempre...

Papá.
28 de febrero del 2024

Bibliografía básica

Aghion, Philippe. Antonin, Céline. Bunelse, Simon. *El poder de la destrucción creativa.*

Boushey, Heather. Delong, Bradford. Steinbaum, Marshall. *Debatiendo con Piketty: La agenda para la economía y la desigualdad*

Edward, Paul N. *A vast machine: computer Models, Climate Data, and the Politics of Global Warming.*

Gates, Bill. *Como evitar el desastre climático.*

Latouche, Serge. *Introducción al decrecimiento.*

Mateos, Raúl. *El consumidor político.*

Milanovic, Branko. *Capitalismo nada más.*

Montesquie. *El espíritu de las leyes.*

Shellenberger, Michael. *No hay apocalipsis.*

Ostrom, Elinor. *El gobierno de los bienes comunes.*

Piketty, Thomas. *Una breve historia de la Igualdad.*

Pinker, Steve. *La tabla rasa.*

Pitron, Guillaume. *La guerra de los metales raros.*

Taibo, Carlos. *Decrecimiento. Una propuesta razonada.*

Turiel, Luís. *Petrocalipsis: Crisis energética global y cómo (no) la vamos a solucionar.*

Rallo, Juan Manuel. *Contra la Teoría Monetaria Moderna*

Rawls, John. *Teoría de la justicia.*

Saito, Kohei. *El capital en el Antropoceno.*

Valero Delgado, Alicia. Valero Capilla, Antonio. Calvo, Guiomar. *Thanatia. Límites materiales de la transición energética.*

Índice

Bloque 3. La cara filosófica

Bloque 4. La cara individual

Bloque 5. El gran reajuste